JACQUES OUZILLEAU
Ingénieur d'Agriculture I. A. B.
Lauréat de la Société des Agriculteurs de France
Diplômé de l'Institut Catholique de Paris
Lauréat du Contrôle Laitier

LA RACE DE LA CHARMOISE

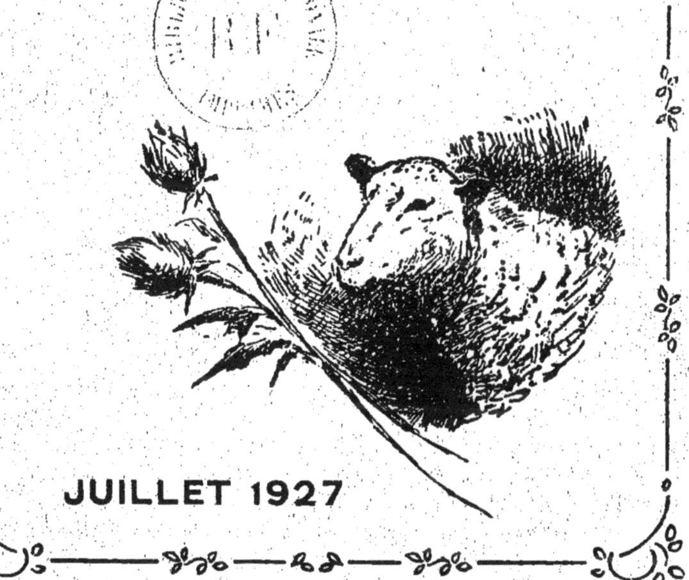

JUILLET 1927

THÈSE AGRICOLE

La Race de la Charmoise

THÈSE AGRICOLE

soutenue en juillet 1927

A L'INSTITUT AGRICOLE DE BEAUVAIS

devant

MM. les Délégués de la Société des Agriculteurs de France

par

JACQUES OUZILLEAU

Ingénieur d'Agriculture I. A. B.

Lauréat de la Société des Agriculteurs de France

Diplômé de l'Institut Catholique de Paris

Lauréat du Contrôle Laitier

BEAUVAIS

IMPRIMERIE DÉPARTEMENTALE DE L'OISE

26, Rue de Malherbe, 26

—

1927

A mes chers Parents,

A mon Frère,

A tous les Miens,

A mes Amis.

INTRODUCTION

Avant de parler de la race Charmoise, nous voulons rappeler le nom de son créateur, dont la mémoire, au pays de la Charmoise, a laissé tant de bons souvenirs.

Né à Lille en 1800, d'une famille des Flandres, dont les membres étaient commerçants, et particulièrement pharmaciens, Malingié eut aussi le même goût que ses ancêtres et fit également ses études de pharmacie, qu'il poursuivit très brillamment.

Ses études terminées, il reprit l'officine paternelle ; il épousa alors une jeune fille appartenant à une bonne famille d'agriculteurs des environs de sa ville natale, et en fréquentant les parents de sa femme, il prit le goût de la culture et résolut de s'y adonner.

Il fit donc l'acquisition d'une ferme, dans l'arrondissement d'Avesnes, où il commença la pratique de sa nouvelle profession.

Il fut éprouvé quelques années plus tard par la perte de sa femme, qui lui avait donné deux fils : MM. Charles et Paul Malingié.

Et, quelques années après, il épousa la sœur de M. Nouel, qui était son beau-frère par son mariage avec Mlle Malingié. C'est après plusieurs séjours chez M. Nouel, à Pontlevoy (Loir-et-Cher), que

Malingié fit dans cette commune l'acquisition du domaine de la Charmoise.

Ce domaine était alors attenant à quelques hectares de terre d'ancienne culture, et à une centaine d'autres de mauvais bois de chênes et de châtaigniers, de bruyères et d'étangs. Il apporta toute sa science et toute son activité à améliorer les anciennes terres et à donner la fertilité aux terres des bois et bruyères, à dessécher les étangs et à en faire de bons prés ; puis, il fit des essais zootechniques sur le bétail de sa région et il constata l'insuffisance de rendement de ces animaux.

C'est ce qui le fit penser à leur amélioration ou à leur remplacement par des races anglaises.

On verra plus loin, dans l'historique de la race, tous les espoirs et les déceptions que lui causèrent la création de cette race.

La prospérité de la Charmoise lui procura de nombreux visiteurs. L'un d'eux, riche industriel du Nord, ami d'enfance de Malingié, et voulant devenir grand propriétaire terrien, lui demanda de lui acheter, défricher et mettre en culture un domaine de quinze cents hectares de bruyères et d'étangs, situé dans le canton de Montrésor.

Malingié accepta cette tâche, qui devait être pour lui la dernière de longue haleine, et même la cause de sa mort.

En effet, cette vilaine propriété fut bientôt complètement transformée en un très bon domaine.

Par leur hardiesse et leurs résultats, les diverses conceptions de Malingié fixèrent l'attention de l'Administration supérieure de l'Agriculture. La décoration de la Légion d'Honneur lui fut décernée.

La création des fermes-écoles étant décidée, la première fut installée à la Charmoise en 1847. Malingié accepta sa nouvelle charge et montra toute la grandeur de sa bonté et aussi de son dévouement à la jeunesse.

Ce temps de succès, qui présageait des années heureuses de calme, de justice rendue et de prospérité, fut de courte durée.

Les premiers jours de décembre 1852, Malingié, malgré les intempéries, alla visiter les cultures et les travaux qu'il dirigeait dans la belle exploitation du canton de Montrésor, dont j'ai parlé.

Il y resta plusieurs jours et fut atteint par un refroidissement qui le fit rentrer malade à la Charmoise. La pneumonie se déclara ; les soins affectueux de sa famille et la science dévouée des médecins furent inutiles. Huit jours après son retour, le 15 décembre, Malingié était ravi à l'affection si grande de sa famille, au respectueux attachement de ses élèves, de ses employés et ouvriers, et à l'estime de tous ceux qui l'avaient approché.

C'est pourquoi, avant de parler de la race Charmoise, dont il fut le créateur, on ne peut omettre de parler de ce grand savant zootechnicien qui nous a donné la belle race ovine que nous allons décrire.

Jacques Ouzilleau,

Lauréat de la Société des Agriculteurs de France.

CHAPITRE PREMIER

GÉNÉRALITÉS

Situation

La ferme de la Charmoise, qui comprend 132 hectares, est située dans la plaine de Pontlevoy. Cette plaine s'étend de la Loire (rive gauche) au bord du Cher (rive droite) ; elle porte ce nom exclusivement dans la traversée de la commune de Pontlevoy, car il n'y a pas de nom proprement dit pour tout l'ensemble de cette plaine.

La ferme fait partie de la commune de Pontlevoy, qui comprend 2.253 habitants, et qui est bien desservie.

Le chef-lieu de canton est Montrichard, coquette petite ville de 2.903 habitants, juchée sur les bords du Cher, ce qui lui donne un aspect assez pittoresque.

Le chef-lieu d'arrondissement, qui est Blois, ville de 30.000 habitants, se trouve à 28 kilomètres au Nord de la ferme. Cette jolie ville est bâtie en amphithéâtre sur deux collines dominant la rive droite de la Loire.

Blois est situé partie sur le versant et partie sur le haut de deux promontoires se faisant face, terminant tous les deux la Beauce vers le Sud-Ouest et dominant la Loire de 35 mètres environ.

Communications et débouchés

La route nationale n° 16, de Blois à Montrichard, passe devant la Charmoise.

Un petit chemin de fer suit cette route ; la station la plus proche de la ferme est Pontlevoy, qui se trouve à 2 kilomètres. La réception et l'envoi des marchandises peut donc se faire à cette gare, car il y a correspondance soit à Blois, soit à Montrichard.

Pour les débouchés, ils sont assez nombreux. Nous avons : Pontlevoy, à 2 kilomètres, qui est le centre d'approvisionnement, et où se tient tous les mercredis un marché important, très coté dans la région ; Blois, à 30 kilomètres ; Contres, à 20 kilomètres ; Bracieux, à 22 kilomètres ; Montrichard, à 6 kilomètres ; Bourré, à 4 kilomètres.

Les principaux marchés sont :

Le lundi, à Montrichard ;

Le mercredi, à Pontlevoy ;

Le jeudi, à Bracieux ;

Le vendredi, à Contres ;

Le samedi, à Blois.

Comme je le disais précédemment, c'est à Pontlevoy, où le marché est assez important, que se font toutes les transactions, aussi bien pour le bétail que pour les céréales.

Valeur des terres

Les terres de la ferme ont une valeur vénale de 1.500 francs en moyenne, car certaines, se trouvant sur le calcaire inférieur de Beauce, valent jusqu'à 2.000 francs l'hectare, et celles situées sur l'argile à silex ne valent pas plus de 1.000 francs l'hectare.

La valeur locative oscille entre 75 et 100 francs l'hectare, au maximum.

Etendue des cultures

La ferme comprend une surface globale de 132 hectares, qui se répartissent comme suit :

Betteraves	7 ha.
Topinambours	2 »
Pommes de terre	3 »
Choux fourragers	2 »
Carottes fourragères	2 »
Blé	32 »
Avoine	32 »
Luzerne	16 »
Trèfle	8 »
Minette	8 »
Prés	11 »
Vignes	3 »
Etangs, bois, jardin, ferme	6 »
Total	132 ha.

Climatologie

Le climat du Loir-et-Cher est doux et tempéré ; il est sain dans toute son étendue, car on ne peut plus dire que la Sologne est malsaine, puisqu'elle a été petit à petit assainie par les plantations de pins et que nous voyons de nos jours un sanatorium à Lamotte-Beuvron.

La ville de Blois a une température moyenne de 11° à 11° 1/2, ce qui fait 1/2 degré de plus qu'à Paris. On constate toujours en moyenne 115 à 120 jours de pluie par an dans la contrée, amenant 646 m/m d'eau, ce qui est un peu au-dessous de la moyenne de la France, qui est 770 m/m. Ce ne sont pas les grosses averses qui dominent, mais en général des pluies douces, de fines gouttelettes qui humectent la terre, l'imprégnent et favorisent la végétation herbacée.

On compte environ, pour l'année :

41 jours très beaux,
102 jours couverts,
133 jours nuageux,
27 jours de brouillards,
12 jours de neige,
50 jours de gelée.

Comme nous le voyons, la neige dure peu de temps et la grêle n'inspire pas de grandes craintes aux agriculteurs, car les dégâts ne sont en général ni fréquents, ni considérables.

Il est à remarquer que les nuages de grêle viennent rarement dans la plaine de Pontlevoy et qu'ils suivent toujours la vallée du Cher ; c'est pourquoi les quelques nuages qui pourraient venir de ce côté seraient envoyés par les vignerons de la vallée, qui les chassent par des moyens artificiels, tels que : fusées, canons paragrêles, etc.

CHAPITRE II

GÉOLOGIE

La plaine de Pontlevoy repose sur un mélange de terrains tertiaires et quaternaires. Sa base principale est la craie tuffeau. La Charmoise se trouve juste sur la limite de l'argile à silex et du calcaire de Beauce et elle a environ la moitié de ses terres sur ces deux étages. C'est ce qui fait que la culture et l'élevage du mouton y sont en parfait accord. Sur l'un des côtés, l'argile à silex est occupée par les bois, et quand il y a quelque récolte, elle n'est que médiocre. Le terrain est pauvre en anhydride phosphorique et en potasse. De l'autre côté, le calcaire de Beauce donne des récoltes florissantes, qui s'associent admirablement avec les besoins du troupeau.

Voici, par ordre de superposition, la série des étages qui forment le sol et le sous-sol de la ferme (voir tableau, page suivante).

Nous étudierons donc les couches dans l'ordre de ce tableau, en commençant par les plus anciennes.

SYSTÈMES	GROUPES	ÉTAGES ET ASSISES	IND. GÉOL.
Quaternaire	Holocène	Alluvions modernes	a^2
Tertiaire	Miocène	Tortonien (faluns du Blésois)......	m^3
		Helvétien (sables et argiles de Sologne)............	m^2
		Burdigalien (sables de l'Orléanais)...	m^1
	Oligocène	Aquitanien (calcaire de Beauce).	m_{1b}
	Eocène	Thanétien (argile à silex)	e_v
Secondaire	Crétacé supérieur	Sénonien emschérien (craie de Villedieu)	c^7
		Turonien ligérien (craie tuffeau)...	c^6

SYSTEME SECONDAIRE

Crétacé supérieur

Turonien : Craie tuffeau de Bourrée — c^6

Cette assise n'affleure pas à la ferme de la Charmoise ; elle monte progressivement et vient affleurer au château de Valagon, et descend jusqu'à Montrichard et Bourrée. C'est une craie tendre, grenue, micacée, un peu jaunâtre. Elle forme en somme le soubassement des côteaux du Cher.

C'est à Bourrée que se trouvent les principales carrières. Elle constitue une excellente pierre de construction, connue depuis longtemps sous le nom de pierre de Bourrée. Elle durcit à l'air et est assez facile à travailler, à cause de la finesse et de l'égalité de son grain. Elle a servi à construire les châteaux de la Renaissance du Blésois et de la Touraine. Les maisons de Montrichard et les villages de la région lui empruntent également leurs éléments.

A Bourrée, la craie tuffeau atteint une épaisseur moyenne de 15 mètres, mais la partie exploitée ne dépasse pas quelques mètres.

La végétation n'est pas très florissante. Au point de vue viticole, elle porte d'excellents cépages blancs, qui nous donnent les si bons vins des coteaux du Cher et entre autres le Vouvray.

Sénonien : Craie de Villedieu — c'

C'est une craie blanc-jaunâtre, qui repose sur le tuffeau de Bourrée, et est plus dure que ce dernier. Elle vient mourir sous l'argile à silex, car elle n'affleure pas dans la plaine de Pontlevoy.

C'est dans cette assise que l'on ouvre des carrières pour en extraire la craie, afin d'amender les terres argileuses de surface, qui souvent manquent de calcaire et de perméabilité. Son épaisseur est environ 2^{m}50 à 3^{m}, en moyenne.

SYSTEME TERTIAIRE

Eocène

Thanétien : Argile à silex — e_v

L'argile à silex forme l'une des moitiés de l'exploitation de la Charmoise, puisque celle-ci est située à la limite de l'argile à silex et du calcaire de Beauce et que ses terres se répartissent d'une manière à peu près égale sur ces deux assises.

L'argile à silex est une argile assez plastique, grisâtre à la base et quelquefois rouge au sommet, remplie de silex noirs et blancs enfouis dans l'argile. Ils s'agglutinent parfois, formant des conglomérats que l'on trouve en blocs isolés à la surface des plateaux.

D'une façon générale, l'argile à silex annonce la craie. Partout où elle se trouve, elle recouvre les couches crayeuses. C'est en somme un résidu de transformation chimique de la craie sous l'action dissolvante des eaux d'infiltration.

La couleur quelquefois rouge est due à une oxydation des particules de fer contenues dans la craie.

Au point de vue cultural, les terres d'argile à silex ne renferment qu'une faible quantité de calcaire, 1 à 10 pour mille, alors que les bonnes terres franches en renferment 50 pour mille. L'humus n'y est jamais non plus en bonne proportion. Quant à l'azote et à l'anhydride phosphorique, ils n'y sont contenus qu'en moyenne quantité.

L'emploi du fumier de ferme et des engrais phosphatés y est tout indiqué. Le fumier donnera l'humus et l'azote qui manquent. Les scories de déphosphoration ou les superphosphates fourniront l'anhydride phosphorique, tout en apportant de la chaux.

L'argile à silex, en raison des nombreux silex qu'elle renferme, n'est pas très perméable ; cependant, elle l'est assez pour retarder la rapidité des infiltrations et conserver au sol et au sous-sol l'humidité convenable à la végétation ; elle est aussi très favorable aux végétations forestières et fruitières, surtout quand il y a trop de silex dans la couche arable, et qu'il y a en même temps absence de limon. On ne peut guère alors y faire que des cultures forestières (forêts de Blois, de Montrichard, de Marchenoir, etc.). Ces arbres, se fixant par de longues racines, réclament des sols profonds et frais.

Oligocène

Aquitanien : Calcaire de Beauce — m_{1b}

La roche du calcaire de Beauce est imperméable, mais, considérées dans leur masse, les couches calcaires sont perméables à cause de nombreuses fissures qu'elles préentent. Les eaux pluviales passent très vite à travers ces fissures et pénètrent dans les couches profondes, où elles forment des cours d'eau souterrains.

Le limon des plateaux qui recouvre le calcaire de Beauce, et qui forme la terre végétale, ne retient lui aussi qu'une petite quantité d'eau, à cause de sa faible épaisseur. La ferme de la Charmoise possède la moitié de ses terres, soit 65 hectares, sur ce calcaire.

Au point de vue cultural, le seigle, les pommes de terre et de préférence les cultures d'hiver y viennent bien. Le sol demande à ne pas être travaillé trop souvent, mais avant l'hiver. Au point de vue des engrais, il exige de la potasse, des fumures fréquentes et peu abondantes. Le rendement en blé y est excellent.

Miocène

Burdigalien : Sables de l'Orléanais — m¹

Les sables de l'Orléanais sont des sables siliceux blancs ou jaunes, suivant que l'on s'avance plus ou moins dans la Sologne. Leur épaisseur est de 2 à 6 mètres. Ils affleurent sur une faible surface dans la plaine de Pontlevoy, mais ils n'existent pas sur les terres de la Charmoise. Il y en avait jadis un gisement très exploité dans la région Thenay-Pontlevoy. Ils étaient surveillés par M. l'abbé Bourgeois, éminent géologue de la contrée ; de 1855 à 1875, celui-ci y recueillit une importante collection de fossiles qui, aujourd'hui, font partie de la belle collection paléontologique de Blois.

Au point de vue cultural, les sables de l'Orléanais, là où ils afleurent, donnent des terrains peu fertiles, manquant surtout d'anhydride phosphorique et d'humus. Le fumier de ferme et le superphosphate y produisent d'excellents effets. Dans la plaine de Pontlevoy, les sables de l'Orléanais sont surtout très favorables à la culture de l'asperge.

Helvétien : Sables et argiles de Sologne. — m²

Ils affleurent sur une grande étendue au Nord-Est de Pontlevoy. La Charmoise n'en possède donc pas. Ils sont constitués par un magna d'argile grise, empâtant de nombreux grains de quartz blancs de la grosseur d'un grain de riz et d'origine granitique. On n'y observe aucun fossile. Le caractère le plus constant de la formation sablo-argileuse de Sologne, c'est qu'elle ne présente pas trace de calcaire. Le mélange du quartz et de l'argile ne présente aucun indice de stratification.

Au point de vue cultural, ce sont des terres sèches ; tantôt l'argile retient les eaux qu'une trop faible pente ne peut faire écouler ; tantôt les cailloux siliceux et durs arrêtent les racines des végétaux. Ces terres manquent surtout de chaux et d'anhydride phosphorique. Un abondant apport de marne, d'engrais phosphatés et potassiques permet d'accroître la faible fertilité du sol et d'obtenir de belles récoltes.

Tortonien : Faluns du Blésois — m³

La ferme de la Charmoise possède quelques buttes de faluns du Blésois.

Leur origine remonte à l'époque miocène, où la mer venait de l'Ouest par l'emplacement actuel de l'estuaire de la Loire, s'avançant vers l'Est jusqu'à Blois, descendant vers Poitiers et remontant vers le Nord pour gagner la Manche, isolant ainsi la Bretagne devenue une île.

Les faluns du Blésois se composent, tels qu'on les trouve à Pontlevoy, de coquilles brisées de polypiers, mélangées à du sable quartzeux, auquel vient s'ajouter une proportion plus ou moins forte de grains calcaires, provenant des débris de coquilles et autres crustacés.

Ce dernier caractère les différencie des sables de la Sologne, qui sont totalement dépourvus de chaux.

L'épaisseur des couches ne dépasse pas 10 mètres. Et sur les terres de la Charmoise, cet étage se trouvant sur le calcaire de Beauce, on trouve, à la base des buttes de faluns, des galets qui ont été empruntés au sous-sol.

A Pontlevoy, le falun forme une bande qui se montre vers le Nord du bourg et continue vers Thenay et Chassy. Le gisement porte le nom de « Sablière Billiard ».

A 3 kilomètres de Pontlevoy, vers Chaumont, se trouve le gisement des Bordes.

Au point de vue cultural, dans les régions où le sol manque de chaux, les faluns peuvent être employés comme amendements. C'est dans les terres fortes et dans l'argile à silex qu'ils produisent les meilleurs effets. L'asperge prospère bien dans ce sable, comme elle le fait dans les sables de la Sologne (Contres, Soings, Oisly, Chaussy). Les asperges de Contres sont expédiées aux Halles Centrales de Paris et sont cotées de même qualité que celles de Vineuil, comme asperges de marque.

SYSTEME QUATERNAIRE

Holocène : Alluvions modernes — a^2

Les alluvions modernes proviennent d'une part des eaux de pluie qui dégradent les différents terrains, dont les matériaux sont entraînés et se déposent plus loin. D'un autre côté, les cours d'eau détruisent constamment leurs bords, pour aller former en aval des dépôts caillouteux et quelquefois limoneux.

De même, au fond des étangs, il se forme des dépôts plus ou moins épais.

Ces divers dépôts constituent ce que l'on appelle les alluvions modernes. Comme on le voit sur la coupe géologique, les alluvions du Cher sont très développées. Elles sont siliceuses et formées de sables quartzeux et de cailloux provenant des couches de silex situées en amont. Ces alluvions sont très riches en humus, mais pauvres en calcaire par endroits. Elles conviennent surtout aux prairies naturelles.

On remarque aussi sur la coupe un large dépôt d'alluvions modernes : à la Charmoise, cela est dû aux étangs qui ont déposé des couches semblables et qui, depuis des centaines d'années, se rétrécissent à cause de l'épaisseur des dépôts lentement formés. Les parties sèches, qui s'étendent sur une assez grande surface (car on a asséché quelques étangs), conviennent très bien aux prairies naturelles. Pour certaines de ces prairies, qui sont un peu marécageuses, l'humus en se décomposant donne des terres acides ; pour y remédier, on fait des amendements calcaires et des apports d'engrais potassiques. Dans les autres parties, qui sont saines, on apporte des superphosphates ou des scories.

On a fait l'analyse des alluvions des bonnes prairies saines, et on a trouvé les chiffres suivants, se rapportant à 1 kg. de terre totale :

	T. DE LA CHARMOISE	T. FRANCHE
	—	—
Azote	0 gr. 60	1 gr.
Anhydride phosphorique	1 gr. 40	1 gr.
Potasse	1 gr. 90	1 gr.
Chaux	22 gr. 62	29 gr.

On voit qu'il faut surtout pousser en scories, pour combler le déficit de chaux.

Mais en général, ce sont de bonnes prairies pour la région, puisqu'elles peuvent nourrir une bête et demie à l'hectare pendant 180 jours.

En résumé, les terres de la Charmoise sont assez bonnes, et avec l'emploi judicieux d'engrais, on peut en obtenir de bons rendements.

LE MOUTON CHARMOISE

CHAPITRE III

GENÈSE DE LA RACE

C'est en 1837 que Malingié pensa à créer un troupeau de moutons essentiellement propres à la production de la viande.

Il partit donc de la Charmoise pour aller en Angleterre, afin de trouver un mouton anglais capable de lui donner satisfaction.

En passant, il s'arrêta à Alfort, où il alla voir les moutons anglais récemment importés en France par M. Ivart, directeur de l'Ecole, et il en conclut trois choses :

1° Avoir des brebis et des béliers Dishley ;

2° Des brebis flandrines croisées par un bélier Dishley ou même des brebis solognotes ;

3° Le mouton de la race de Kent.

De là, il se rendit à Lille, pour confirmer son opinion, dans diverses filatures, à savoir : que la laine du Kent était préférable à celle du Leicester (Dishley). Et Malingié se dirigea vers Dieppe, où il s'embarqua pour l'Angleterre, muni de nombreuses lettres de recommandation pour les éleveurs anglais, que lui avaient données des parents et des amis.

Par l'intermédiaire d'un M. Lantham, il fut présenté à M. Cook, chez lequel il acheta deux béliers Kent, l'un de trois ans, l'autre de quinze mois, puis soixante jeunes brebis de douze à quatorze mois.

Et le 1er avril 1837, il rentrait en France, à bord du *Britannia.*

Le 5 avril, étant arrivé à Calais au lieu de Boulogne, à cause du mauvais temps, il se mit en devoir de venir avec sa petite caravane jusqu'à la Charmoise, par petites journées.

Il avait à cet effet acheté cheval et voiture ; son berger Laurent l'avait rejoint et, ainsi équipés, ils se mirent en route.

Et l'on put voir défiler le troupeau, suivi de la voiture, par Boulogne, Aumale, Gisors, Vernon, Chartres, Cloyes, Vendôme, Blois et enfin la Charmoise.

Le troupeau s'installa et tout allait si bien qu'en 1838 Malingié retourna en Angleterre, non plus chez M. Cook, mais chez M. Richard Goord, chez lequel il n'avait pas été l'année précédente, car il ne le croyait pas vendeur.

M. Goord voulut bien céder quelques animaux, mais avant tout il fit un prix pour les béliers, quel que soit leur âge, soit 20 guinées par tête (520 francs).

Quant aux brebis, après maintes difficultés, Malingié réussit à pouvoir acheter six agnelles.

Ensuite, il prit six mères de deux ans dans un autre lot ; le prix de chaque brebis était de 10 guinées (260 francs).

Donc Malingié avait réussi dans ce deuxième voyage à avoir un bélier, six agnelles et six mères.

Mais, en 1840, son troupeau tout entier périt d'épidémie.

A l'aide d'une subvention du Gouvernement, Malingié retourna pour la troisième fois en Angleterre. Mais aucun mouton anglais ne put résister à notre climat du Centre, et Malingié renonça définitivement à ses moutons anglais purs ; mais il eut l'idée de les croiser avec des races françaises, et se mit immédiatement à l'œuvre.

Il croisa successivement les races flandrine, solognote et mérinos, sans plus de réussite avec l'une qu'avec l'autre.

Malingié, dans toutes ces tentatives de croisement, avait été frappé de ce que l'influence du bélier de Kent était d'autant plus efficace que la mère était de race moins pure.

Donc, il fut amené à créer une brebis aussi abâtardie que possible, et voici comment il s'y prit.

Il donna des béliers mérinos à des brebis berrichonnes et des béliers tourangeaux à des brebis solognotes, puis il croisa les issus entre eux, et enfin il fit saillir les femelles provenant de ces derniers croisements par des béliers du Kent, et c'est ainsi qu'arriva à bonne fin cette judicieuse opération, qui donna naissance à la race Charmoise, laquelle a pris son nom de race, grâce à sa fixité suffisante.

Dire qu'elle est formée de 1/8ᵉ de sang berrichon, 1/8ᵉ de sang mérinos, 1/8ᵉ de sang tourangeau et 1/8ᵉ de sang solognot est vrai, mais dire que Malingié l'a voulu, non.

Quand il a entrepris de faire ces croisements, il n'a pas voulu en faire un problème mathématique, et c'est ce que soutiennent certains zootechniciens.

Personnellement, j'ai la conviction que Malingié n'a jamais mis cela à la base de son croisement, car je me suis entouré d'avis de vieux éleveurs zootechniciens, qui combattent activement l'idée des nouveaux.

Pour fixer sa race, Malingié a eu, comme nous l'avons déjà vu, à croiser des brebis de sang mêlé avec un bélier Goord pur (Kent).

Il a obtenu un animal ayant un certain pourcentage de sang anglais et des diverses races croisées, lesquelles, perdues dans la masse du sang anglais et absorbées par lui, disparaissent presque entièrement pour ne plus laisser apparaître que le sang améliorateur.

L'influence est tellement grande que tous les sujets obtenus se ressemblent d'une manière frappante, à ce point que les Anglais eux-mêmes s'y sont mépris, les prenant pour les animaux appartenant à une race pure de leur pays.

Et quelque chose de plus probant encore, c'est qu'en alliant les mâles et les femelles issus de cette combinaison, on a reproduit des sujets semblables à leurs ascendants les plus proches, sans aucun retour sur les races françaises auxquelles la souche des brebis a été demandée.

Il s'en est bien produit quelques rares exemples, que l'on a chassés en éloignant du troupeau les animaux chez lesquels on avait remarqué ces défauts, ceux-ci visibles seulement à l'œil d'un fin connaisseur.

C'est ainsi que l'on a fixé cette race, et, comme dit M. Ivart : « On fixe une race en lui donnant de jour en jour la faculté plus prononcée de se reproduire d'une manière parfaitement identique et avec des caractères très bien tranchés. »

Et c'est cette race ainsi fixée que l'on nomme « race Charmoise ».

On conseille, dans la création d'une race telle que la race Charmoise, de ne pas donner plus de 50 % de sang anglais, si l'on veut conserver le tempérament français, qui convient au milieu dans lequel vivra le troupeau.

La race Charmoise, ne dépassant pas cette proportion, répond à ce désir ; les agneaux s'élèvent bien et supportent sans faiblir le premier été, si dangereux pour les bêtes anglaises. Mais il en est de même plus tard, car les moutons ne souffrent ni de la chaleur, ni de la sécheresse.

Il faut dire aussi que les animaux qui avaient été appelés à reproduire étaient du pays, sauf le bélier mérinos, mais celui-ci ne figure que pour 25 %.

Car les petites races de la contrée sont douées de qualités particulières : petite stature, finesse, sobriété, qui sont préférables et qui restent toujours à la souche maternelle.

Ces animaux ont peut-être plus ou moins de qualités pour celui qui n'a pas l'habitude ; mais le vrai connaisseur reconnaît du premier coup d'œil les animaux de fine ossature.

Pour le mérinos, s'il avait quelques désavantages sous le rapport de la charpente osseuse, de la viande et de la graisse, il les compensait par l'apport d'une magnifique toison, dont nous parlerons plus loin.

Maints éleveurs ont reconnu qu'une bête de 50 kilos était plus dure à élever que deux bêtes de 25 kilos ; les bouchers sont d'accord, eux aussi, sur ce point, à savoir qu'ils aiment mieux un mouton de 25 à 30 kilos de chair nette.

C'est à ce poids qu'il est facile d'arrêter les Charmoises.

Je dis que l'on peut arrêter un animal au poids que l'on désire, car le poids ne dépend pas toujours de la taille. En effet, le produit auquel le bélier a donné naissance lui est conforme et il se développe selon la dose de nourriture donnée.

On a vu dans une bergerie des agneaux nés de mêmes parents qui ont été amenés les uns à 32 kilos de viande de boucherie à quatorze mois, et les autres à 20 kilos au même âge.

Quand Malingié croisa ses petites brebis de sang mêlé avec les gros béliers Goord, qui atteignaient 90 à 100 kilos, on avait eu peur des produits disproportionnés que ce croisement allait donner et aussi de la mortalité occasionnée par la mise-bas d'agneaux trop gros. Mais il n'en fut rien, et Malingié explique le résultat de la manière suivante : « Le germe procuré par le bélier se développe en proportion relative à la nourriture qu'il reçoit. Or ici, il n'en avait reçu, pendant tout son séjour dans la brebis, que la quantité que ces brebis pouvaient lui fournir; aussi le fruit restait-il petit et agnelaient-elles sans efforts extraordinaires. »

Au point de vue de l'engraissement, les premiers mâles castrés de cette race que Malingié mit à l'engrais réussirent merveilleusement. Ils prirent la graisse comme de vieux moutons de race française, et à la fin de l'hiver ils pesaient 30 à 35 kilos de chair nette, avec 3 à 4 kilos de suif, et ces caractères ne sont pas tombés depuis ce moment, car j'ai vu à la Charmoise des animaux mâles castrés arrivés à dix mois et produisant 30 kilos de viande nette.

Comme nous le voyons, la race Charmoise s'est améliorée depuis la mort de Malingié, et c'est maintenant une très bonne race, bien fixée, donnant de bons produits, appréciés à la Villette, tant au point de vue de la finesse de la chair que du rendement net.

Description du mouton Charmoise

Le mouton Charmoise est près de terre. Il a la tête bien nette, dépourvue de toute laine, le front plat, sans cornes, les arcades rapprochées des trous auditifs, l'œil vif et saillant, le chanfrein droit, l'oreille courte et relevée. Le cou est large et court ; la laine s'arrête juste aux oreilles et forme jugulaire sous la gorge ; la croupe, le dos et les reins sont amples, le gigot bien descendu et épais.

De plus, la couleur générale de la toison devra être blanche, sans tolérance de taches plus ou moins foncées, le bout du nez absolument blanc, le palais sans aucune tache, ce qui serait un signe de dégénérescence.

Ces dispositions lui donnent une physionomie toute particulière et à laquelle on ne peut se tromper.

La laine ne dépasse pas 16 à 17 centimètres de longueur, la moyenne étant de 13 à 14 centimètres. Le poids moyen de la toison est de 2 kilos et demi ; la tête en est dépourvue.

Aucun mouton n'est mieux fait pour captiver le regard qu'un Charmoise de pure race.

Le comparant au Southdown, Marcel Vacher a écrit : « Si l'on a quelquefois appelé le Charolais le Durham de la France, on peut parfaitement dénommer le mouton Charmoise le Southdown de la France, tant la finesse, la précocité, la régularité des formes sont parfaites chez ces coquets moutons. »

Il a, comme disent les Anglais : « *The carriage of a gentleman and the walk of a thoroughbreed.* » (Le port d'un gentleman et l'allure d'un pur-sang.)

Sa chair, d'une finesse remarquable, est recherchée à la Villette, si bien que l'on écoule les viandes Charmoises et Southdown en premier lieu, et tous les bouchers se les disputent.

Le type idéal d'un Charmoise serait l'animal qui réaliserait les performances suivantes, décrites par Malingié lui-même :

« Taille : moyenne ; chez les béliers adultes, 77 centimètres de hauteur sur 117 centimètres de longueur, de l'œil à la naissance de la queue ; le diamètre de l'animal varie selon son état d'embonpoint ; mais dans la mesure de hauteur indiquée, le coffre figure pour 56 centimètres, de sorte qu'il n'est éloigné de terre que de 21 centimètres. Les proportions indiquées sont un peu plus faibles chez la brebis que chez le bélier.

Charpente osseuse : large et mince ; les jambes fines, écartées l'une de l'autre ; tête petite, sèche, sans cornes, souvent même sans apparences de rudiments ; épaules et poitrine larges, profondes ; reins larges, l'animal cependant étant plus épais dans la partie antérieure que postérieure ; queue large à sa base, allant promptement en s'amincissant, épine dorsale horizontale, côtes parfaitement arrondies.

Croissance : rapide, terminée à dix-huit ou vingt mois.

Faculté de prendre la graisse : dès l'âge de huit mois.

Puissance d'assimilation : fortement prononcée.

Sobriété : très grande.

Santé : vigoureuse ; peu impressionnable, peu sujet au coup de sang et à la cachexie aqueuse, supportant bien la chaleur et la sécheresse.

Laine : appartenant à la catégorie des laines peignées, longue et la plus fine connue dans l'espèce. »

Voilà donc la description du type idéal faite par Malingié.

Pour donner une application pratique du type idéal du Charmoise, je vais donner quelques mensurations prises aux Vaux-le-Cernay, sur une brebis de cinq ans et sur une antenaise de six dents de lait :

	BREBIS 5 ANS	ANTENAISE
Poids	52 k. 500	46 k.
Hauteur du garrot	57 c. 2	56 c. 7
— du dos	57 c. 3	56 c. 5
— du sacrum	57 c. 6	57 c. 7
— de la poitrine	25 c. 5	25 c. 2
Largeur de la poitrine	22 c. 9	22 c.
— aux hanches	19 c. 2	18 c. 4
— au trochanter	22 c. 4	21 c. 8
Longueur du bassin	21 c. 5	21 c.
— tronc	66 c. 6	62 c. 7
— du tronc en projection	64 c. 5	61 c.
— de la nuque aux — ischions	86 c. 6	85 c. 6
Périmètre de la poitrine	89 c. 9	86 c.
Tour biais de poitrine	92 c.	88 c.
Tour spirale du corps	116 c.	111 c.
Périmètre canon antérieur	7 c. 3	7 c. 3
Poids de la toison	2 k. 490	2 k. 340

Voici maintenant les points qui sont donnés suivant la beauté et la conformation du sujet à examiner :

Description et échelle des points :

	POINTS
Apparence et caractères généraux	10
Tête : large, fine, sommet de la tête entre les oreilles bien net, sans plissures ni rides, sans taches sombres	8
A reporter	18

Report............	18
Face : pleine, bien proportionnée des yeux au nez, sans laine............................	4
Yeux : grands, vifs et proéminents...........	2
Oreilles : de grandeur moyenne, non couvertes de laine, bien plantées et portées raides.....	2
Cou : large à la base, fort bien attaché aux épaules ; gorge nette, sans plissure, garnie de laine.................................	5
Epaules : bien régulières ; le haut des épaules bien en ligne avec le dos..................	7
Poitrine : large et profonde..................	5
Dos: horizontal, plat, avec reins larges et amples	10
Côtes : bien arrondies, bien ramassées, épaisses et rebondies ; avant et arrière pleinement développés	7
Croupe : large et longue, bien arrondie.........	4
Queue : fine, quoique forte et attachée presque au niveau de l'échine......................	4
Gigot : bien fait, descendu, avec jarret profond et large	10
Laine : fine, catégorie des laines peignées ; le brin devant être assez long, la laine devant s'arrêter au genou, au jarret et sous le ventre ; rien autour des yeux ; tête nue.............	10
Peau : rose foncé............................	5
Tournure, maintien, démarche : jambes courtes, droites, d'une égale couleur blanche et attachées au dehors du corps...............	7
Total..........................	100

Pour l'appréciation du mouton de boucherie, on examine :

1° La conformation, en tenant compte de l'ampleur du train de derrière ;

2° La finesse de la peau et des membres ;

3° L'engraissement, dénoncé par les maniements des abords, du travers, de la poitrine et de la côte.

Qualités de la race Charmoise

La race Charmoise est une excellente race à viande, qui est très recherchée à Paris.

Ce mouton a aussi la faculté de se nourrir très peu et de profiter cependant, à cause de sa grande puissance d'assimilation.

Malingié a dit : « Le mouton Charmoise sera aussi bien le mouton des pays pauvres que des pays riches. »

De sorte que l'on peut très bien l'élever avec une modeste nourriture, là où le Dishley-Mérinos, par exemple, resterait stationnaire ou même dépérirait.

Il convient donc très bien à n'importe quelle région, ainsi qu'à n'importe quel agriculteur.

Il vit bien en plein air et n'est pas sujet au coup de sang ni à la cachexie aqueuse.

Il ne craint pas énormément l'humidité, car c'est le mouton qui y résiste le mieux ; mais je crois cependant qu'il ne faudrait pas exagérer et l'élever par exemple dans des marécages, où, quoique très résistant à l'humidité, il ne vivrait pas sans être sujet à quelques maladies.

Au point de vue de la chair, le Charmoise a la chair marbrée, juteuse, et les rôtis étant petits sont plus facilement vendus et à un prix plus élevé.

Le gigot est remarquablement formé et descendu, comparable à celui du Southdown, quoique ce dernier ait plus de déchets.

Les moyennes d'un grand nombre de rendements officiellement constatés ont donné les résultats suivants :

Poids vif		43 kgs 82
Proportion au poids vif	des quatre quartiers.	60,67 %
—	— du suif	9,70 %
—	— de la peau	4,98 %
—	— des issues	24,59 %

La laine, si courte soit-elle, présente un certain intérêt au point de vue filature, car c'est une des premières de la catégorie des laines peignées. Evidemment, comparée à celle du Mérinos, elle est sans longueur. Mais le Charmoise est un mouton à viande, et la laine est un sous-produit, intéressant d'ailleurs, qui sera traité spécialement dans le chapitre VI.

Défauts de la race Charmoise

Il n'est pas évidemment de race sans défauts.

Les deux principaux reproches que l'on peut faire à la Charmoise sont :

1° La petitesse, qui nuit quelquefois à la propagation du mouton dans toute la France ; en effet, ce mouton est surtout désapprécié dans les villes du Nord, où tous les ouvriers désirent avant tout de gros morceaux, sans regarder à la finesse de la chair. Evidemment, la race Charmoise ne répond pas à cette demande.

Au contraire, à Paris, il est recherché par une certaine clientèle, qui sait reconnaître la finesse de sa chair.

2° Le manque de laine, car il est évident que 2 kilos et demi ne sont pas beaucoup, surtout à une époque où la laine est si recherchée et si bien payée.

Il est à remarquer que le motif pour lequel le mouton Charmoise a peu de laine vient de ce que son ventre, sa tête et ses membres sont complètement dénudés ; car là où la laine pousse, elle est en abondance et de bonne qualité.

Mais en somme, ces défauts ne sont pas assez importants pour que ce mouton soit délaissé et que sa production diminue.

Il sera toujours le bon mouton, s'engraissant rapidement, et si apprécié sur le marché de Paris.

CHAPITRE IV

ÉLEVAGE

Choix du bélier

Un bon bélier doit être vigoureux, ardent, et ne se laisser approcher que difficilement, sauf par le berger.

Les caractéristiques d'un bon bélier Charmoise sont principalement la conformation de la poitrine, qui doit être large ; la culotte, dont l'ampleur ainsi que la conformation doivent être impeccables, le gigot restant toujours le principal produit du mouton ; les oreilles, qui, une fois rabattues sur l'œil, ne doivent pas le dépasser ; la laine, qui doit être bien arrêtée entre les deux oreilles et sous la gorge à la naissance du maxillaire inférieur ; l'œil, doit être proéminent et bien fait, c'est-à-dire que la pointe de l'œil ne doit pas subir une dépression immédiate, mais doit aller en mourant à partir des deux tiers de l'œil ; les organes génitaux, qui doivent présenter une bonne conformation.

On s'assure également de la bonne santé du bélier, en examinant les veines de l'œil près des glandes lacrymales : si le bélier est bien portant, les veines sont d'un rouge clair.

Il ne doit pas faiblir lorsque l'on appuie fortement sur la croupe.

Il doit résister vigoureusement lorsque l'on veut le tenir par la jambe de derrière.

L'état vermeil des gencives, les lèvres qui ne sont pas relâchées et la laine qui tient bien à la peau, sont encore des indications pour voir la plus ou moins bonne santé de la bête.

Contrairement à la coutume ordinaire, qui est de retirer de la production les béliers ayant atteint un âge déterminé, qui est ordinairement de quatre ans, on peut déroger à ce principe lorsque l'on a affaire à un bon raceur, dont on peut prolonger le service jusqu'à ce que l'on s'aperçoive que les sujets issus de ce bélier s'appauvrissent quelque peu.

On sait également que le mot sélection veut dire choix des reproducteurs ; c'est pourquoi il faudrait avoir des livres généalogiques du Charmoise, afin d'avoir des lignées telles que celles qui ont été obtenues pour les équidés et les bovidés.

Rien ne serait plus facile que de s'entendre parmi les éleveurs du Syndicat de la race Charmoise qui, étant momentanément inactifs, ne seraient pas longs à se ressaisir, et ainsi on arriverait à fixer mieux encore la race, et s'il le faut, comme le prétendent certains éleveurs actuels, à remettre un peu de sang du Kent.

Nous pouvons dire qu'il y a trois facteurs dans le choix d'un reproducteur :

1° La santé ;

2° L'âge ;

3° La conformation.

Au point de vue santé, il faudra des animaux qui aient une apparence vigoureuse et non chétive, qui ne toussent pas, dont la laine ne s'arrache pas par poignées, et qui n'aient pas la conjonctive de l'œil blanche, mais rosée.

En principe, un mouton en bonne santé se voit de suite.

Il ne baisse la tête que pour manger ; lorsqu'il est couché, il repose sur la poitrine et sur le ventre, ses quatre pattes sous lui, et quand il se lève, il s'étire longuement.

Pour l'âge, rien de spécial sur le corps, il se reconnaît aux dents. La dentition du mouton se compose de trente-deux dents, dont vingt-quatre molaires et huit incisives.

L'âge du mouton se reconnaît d'après l'état des dents. Voici le tableau des âges aux différentes périodes, d'après Troncet et Tainturier :

Naissance. — Pas d'incisives.
1re semaine. — Eruption des pinces.
2e semaine. — Eruption des mitoyennes.
3e semaine. — Eruption des coins.
3 mois. — Les dents de lait ont atteint leur dimension, leur position normale.
15 à 17 mois. — Remplacement des pinces de lait par celles d'adulte.
20 à 24 mois. — Remplacement des premières mitoyennes.
40 à 48 mois. — Remplacement des coins.
4 ans. — La dentition de lait a totalement fait place à celle d'adulte.
5 ans. — Usure très avancée des pinces.
6 ans. — Table dentaire des pinces devenue carrée. Il y a des entailles entre les pinces.
7 ans. — Usure très avancée des premières mitoyennes.

8 ans. — Usure très avancée des deuxièmes mitoyennes, dents longues et serrées, les coins sont parfois tombés.

9 ans. — Toutes les dents sont usées. Il manque généralement les coins et une partie des mitoyennes.

Choix de la brebis

Le choix de la brebis doit être aussi sévère que celui du bélier, et trop souvent on néglige ce point en pensant que du moment que l'on a un bon bélier cela suffit.

Il en est tout autrement : un bon bélier doit lutter avec une bonne brebis, si l'on veut obtenir de bons sujets.

Une bonne brebis Charmoise doit répondre aux conditions suivantes :

L'arrière-train doit être large et bien développé, les hanches larges ; le pis doit être autant que possible régulier, recouvert d'une peau souple, fine et onctueuse. Et comme pour les vaches, la présence d'un trayon supplémentaire est un bon indice de lactation ; or, une brebis qui nourrira bien son agneau sera toujours à considérer ; les produits seront plus précoces.

Pour la durée du service de la brebis, elle est identique à celle du service du bélier ; c'est-à-dire que si l'on se trouve en présence d'un sujet remarquable, on devra le faire reproduire le plus longtemps possible.

Et là encore je vois l'utilité de créer un livre généalogique de la race Charmoise.

Les trois facteurs : âge, santé, conformation, sont les mêmes que pour le bélier.

Je passerai donc cette question, déjà étudiée, pour traiter l'élevage proprement dit.

Lutte

En général, on ne doit pas confier à un bélier plus de 50 brebis; dans la pratique, cependant, on va aisément jusqu'à 70, quoique le nombre de 50 soit préférable pour garder la bonne homogénéité du troupeau, car s'il en était autrement, on pourrait craindre que le mâle se fatigue et que toutes les brebis ne soient pas fécondées.

Dans une bergerie, on peut faire faire la lutte plusieurs fois : soit en été, soit au printemps.

Lorsque l'on ne fait qu'une seule lutte, elle a lieu ordinairement en été, afin que les agneaux arrivent à la bergerie vers décembre. C'est ce que l'on nomme l'agnelage d'hiver ; dans ce cas, on doit disposer d'une nourriture d'hiver assez abondante.

Lorsque l'on fait deux luttes, la première a lieu au printemps, du 1er avril au 1er mai, et ne dure qu'un mois; elle est la moins avantageuse, à cause de la sortie de l'hiver, les bêtes n'étant pas en état; le sang est pauvre et les chaleurs moins fréquentes, de sorte que cet accouplement ne donne presque rien.

Au contraire, la deuxième lutte, qui se fait en été, dure deux mois, du 1er juillet à fin août.

La lutte se fait à la bergerie, dans notre région du Loir-et-Cher, étant donné que l'on ne fait pas de parcs.

On met donc les brebis à saillir toujours dans le même compartiment, à la rentrée des champs.

Pour les brebis qui n'ont pas encore porté, on les met au bélier à dix-huit mois environ.

Les chaleurs de la brebis apparaissent à la fin de l'allaitement et se renouvellent tous les vingt à vingt-et-un jours, pendant vingt-quatre heures environ.

Le bélier peut faire une à trois saillies par jour, et peut par conséquent féconder les 50 brebis qui lui sont confiées pendant deux mois.

Certains éleveurs, afin de faire une sélection, font la lutte en main, c'est-à-dire que l'on met avec les brebis un bélier (boute-en-train), muni d'un tablier protecteur enduit de peinture rouge ou bleue, qui laisse une trace sur le dos des brebis ayant été l'objet d'une tentative de fécondation et dont la période de chaleur est ainsi reconnue.

On présente alors à cette brebis marquée un bélier choisi. C'est ce que l'on nomme lutte en main.

Le plus souvent, dans les troupeaux ordinaires, on fait la lutte en liberté, qui consiste à lâcher un bélier au milieu de 50 brebis et à le laisser ainsi pendant un temps déterminé.

On marque les brebis, par 50, d'une couleur particulière correspondant à chaque bélier choisi pour un lot, afin que lorsque l'on rentre des champs à la bergerie, toutes les brebis marquées de la même couleur retournent toujours avec le même bélier dans le même compartiment.

Pendant que les brebis vont aux champs, les béliers restent à la bergerie ou vont à la pâture d'un autre côté, avec les vaches.

Au point de vue alimentation des béliers, on leur donne en temps ordinaire, par tête et par jour :

1 kg. 500 de foin.
1 litre d'orge et d'avoine mélangées.
3 kgs de betteraves.
0 kg. 200 de farine d'orge.

Pendant la belle saison, les fourrages verts remplacent les racines.

Au moment de la lutte, on augmente d'un litre la portion d'orge et d'avoine.

Les brebis, à ce moment, reçoivent la ration ordinaire, à laquelle on ajoute 0 kg. 600 d'avoine, c'est-à-dire :

1 kg. de foin.
0 kg. 500 de paille.
1 kg. 500 de racines.

Gestation

Les brebis pleines doivent être dans un bon état pendant la durée de la gestation. Elles doivent être entourées des soins minutieux du berger.

On évitera qu'elles reçoivent toute nourriture malsaine et fermentée, qui serait la cause d'indigestions, de météorisations ou autres accidents et qui aurait comme suite l'avortement.

Les sorties du matin n'auront pas lieu trop tôt, car les herbes mouillées ou couvertes de gelée blanche sont particulièrement dangereuses.

Les rebords des portes des bergeries seront munis de rouleaux, afin que les brebis en gestation ne se heurtent pas contre les coins anguleux des portes en rentrant à la bergerie.

Les chiens agressifs seront également laissés à la bergerie.

On évitera les longues marches, et en un mot tout ce qui pourrait remuer par trop les brebis.

L'avortement est rare dans cette race ; cependant, quand il se produit, il n'y a rien à faire pour l'empêcher ; on aidera la bête pour l'expulsion du petit, et l'on donnera les mêmes soins que pour un agnelage ordinaire, que nous allons décrire au paragraphe suivant.

Dans le cas d'avortement, le petit est presque toujours mort ; cependant, quand il y a seulement agnelage prématuré, c'est-à-dire lorsque l'expulsion se fait un peu avant terme, soit à quatre mois et demi au lieu de cinq, l'agneau est souvent vivant et peut être élevé avec beaucoup de soins.

Mais ce dernier cas est rare.

La nourriture distribuée aux brebis en gestation, en plus de la pâture, est, par jour et par tête, de :

Matin : paille.............	0 kg. 500
Midi : fourrage...........	0 kg. 800
Soir : paille...............	0 kg. 400

La durée de la gestation chez la brebis est de cinq mois environ.

Le maximum est de 156 jours, le minimum de 143, et la moyenne de 149 jours.

Le diagnostic de la gestation peut être fait d'après divers signes, que l'on classe en deux séries : les signes rationnels ou probables, et les signes certains.

Les signes rationnels, qui s'appliquent à la première partie de la gestation, sont :

1° La cessation des chaleurs ;

2° La tendance à l'engraissement ;

3° Le développement de l'abdomen ;

4° Le gonflement des mamelles.

Les signes certains, c'est-à-dire qui ne laissent aucun doute sur la présence du fœtus, sont :

1° Le palper abdominal, qui permet de percevoir les mouvements actifs du fœtus ;

2° Le toucher abdominal, qui a pour but de faire sentir le fœtus à travers la paroi abdominale. Ce procédé exige une grande expérience ;

3° L'exploration rectale, qui est le plus sûr et le plus pratique de tous les moyens de diagnostic, mais qui doit être faite par un praticien, à cause de l'avortement qu'il peut produire ;

4° L'auscultation obstétricale, qui permet d'entendre les battements du cœur du fœtus.

On ne peut le pratiquer qu'à la fin de la gestation, mais dans la pratique on ne se sert que des signes rationnels, qui sont seuls suffisants pour déceler la bonne fécondation.

Agnelage

Le berger doit surveiller les brebis portières à partir du cent quarante-cinquième jour, à dater du début de la lutte ; et les naissances se répartissent sur une période égale à celle que le bélier aura passée avec les brebis.

L'agnelage proprement dit dure 20 minutes environ, et il se fait ordinairement seul, sans l'intervention du berger.

Quelques jours avant la parturition, on observe les caractères suivants :

Le ventre s'abaisse et les mamelles se développent de plus en plus, la vulve augmente de dimension et laisse écouler un liquide mucilagineux.

La brebis perd l'appétit, car elle est en proie à des douleurs de plus en plus renouvelées, qui lui font également courber les reins dans les mouvements d'efforts expulsifs.

Puis, quand survient le moment de l'agnelage, la bête se couche sur le côté, ou se tient simplement pliée sur les jarrets, et le petit tombe ainsi sur la litière ; le cordon ombilical est rompu de lui-même et la respiration pulmonaire commence chez l'agneau.

Aussitôt, la mère lèche son petit et ce dernier, s'il est assez vigoureux, se lève au bout de quelques heures pour aller prendre le colostrum, qui est le premier lait de la mère, et qui est doué de propriétés purgatives, expulsant le méconium contenu dans l'intestin du jeune.

La délivrance se fait ordinairement dans les quelques heures qui suivent. Mais si vingt-quatre heures après l'agnelage elle n'avait pas eu lieu, il serait nécessaire de la provoquer.

Pour cela, on peut injecter de l'eau tiède additionnée de 15 à 20 grammes par litre de lusoforme ou de crésyl ; ou même on peut faire absorber à la bête du vin blanc tiède.

On conseille également 40 à 60 grammes de teinture utérine de coranija dans une boisson tiède, mais je n'ai jamais vu employer ce dernier médicament.

Aussitôt les enveloppes fœtales expulsées, on les enlèvera et on les enfouiera dans le fumier en les arrosant avec de l'eau additionnée de 10 % d'acide sulfurique, car elles sont promptement envahies par la putréfaction.

Les doubles agnelages sont très rares dans cette race et, en vingt ans, à la ferme de la Charmoise, on ne se souvient que de trois agnelages doubles.

Pour les soins médicaux à donner aussitôt après la naissance, il n'y en a qu'un d'important : c'est la désinfection du cordon ombilical ; aussitôt que possible après l'agnelage, on le badigeonne avec la solution suivante :

Eau distillée............	1 litre
Iode métallique..........	2 grammes
Iodure de potassium.....	4 grammes

Puis, l'aide-berger met pendant quelque temps une nouvelle solution, pour bien désinfecter l'ombilic et le cordon :

Alcool méthylique.......	1 litre
Iode métallique..........	2 grammes

Et pour les mâles que l'on veut élever comme reproducteurs, on ajoute une couche de collodion iodé à 1 %.

On ne saurait prendre trop de soins pour le cordon ombilical, car une infection est si vite survenue et un agneau de cet âge est si rapidement emporté, qu'il est nécessaire de faire ces opérations successives à temps.

La ration qui est donnée à la brebis, par tête et par jour, au moment de l'agnelage, se compose de:

1 kg. 500 de foin.
0 kg. 500 de paille.
2 kgs de racines.

Allaitement

Si l'agneau n'était pas assez fort pour se tenir sur ses jambes et pour trouver le pis, on l'aiderait.

Les deux ou trois premiers jours, on laisse l'agneau avec la mère, mais par la suite on aménage deux compartiments séparés par une cloison, dans laquelle on pratique des ouvertures de 0m40 sur 0m25, garnies de rouleaux, suffisantes pour laisser passer les agneaux, mais trop étroites pour les mères.

Ces ouvertures peuvent être facilement fermées par des portes à coulisses.

Ces séparations ont pour but de régler les tétées et l'alimentation, tant des mères que des agneaux.

Car il est nécessaire que les mères soient tranquilles pendant leur repas, afin de bien assimiler leur nourriture.

Puis on envoie les agneaux, petit à petit, afin que les mères les reconnaissent, et en commençant par les moins vigoureux, afin qu'ils ne soient pas poussés, bousculés, et je dirai même frustrés du lait de leur mère par les plus forts.

En cas de double agnelage, ce qui est, comme nous l'avons dit, très rare, on choisirait le plus beau des deux et on le donnerait à une mère qui a perdu le sien.

La quantité de lait que donne une brebis est en moyenne d'environ un demi-litre par jour et par agneau, en quatre tétées.

Quelques jours après leur naissance, les jeunes sont marqués d'un numéro bleu correspondant au numéro de la mère, pour faciliter les recherches et pour contrôler pendant la tétée si tous sont bien respectivement avec leur mère.

La nourriture d'une brebis pendant l'allaitement sera :

Betteraves et menue paille.	3 kgs 500
Luzerne	0 kg. 500
Paille	0 kg. 500
Tourteau d'arachide.......	0 kg. 100

On remarquera que l'on donne du tourteau d'arachide, qui est très riche en matières azotées, ce qui est excellent pour les femelles en lactation.

On peut donner encore :

Betteraves et menue paille.	7 litres
Luzerne	0 kg. 750
Féverolles	0 kg. 600
Paille	0 kg. 500

Les brebis qui feront leur dernier agneau recevront une nourriture déjà préparatoire à leur engraissement pour la boucherie.

Elles auront :

Betteraves et menue paille.	10 litres
Foin de luzerne..........	0 kg. 750
Féverolles	0 kg. 600
Paille	0 kg. 500
Tourteau d'arachide.......	0 kg. 100
Tourteau de lin...........	0 kg. 100

Pendant l'allaitement, les agneaux recevront, en dehors de leurs tétées :

Regain : 0 kg. 350.
1/3 de litre du mélange : son et maïs, avec un filet d'orge pour les rafraîchir.

On ne tient pas à donner de l'avoine, à cause des maladies de vessie qu'elle peut provoquer chez les jeunes bêtes.

Amputation de la queue

On ampute ordinairement la queue du mouton à quelques semaines, car elle ne présente aucune utilité ; tout au contraire, elle gêne considérablement pour l'accouplement et la mise-bas.

Elle souille également la toison, qui est quelquefois très difficile à nettoyer.

On la sectionne à 4 ou 5 centimètres de sa naissance, avec un couteau bien aiguisé.

Voici comment pratique le berger :

Il prend l'agneau, lui serre le train arrière entre ses genoux et tranche à 4 ou 5 centimètres au-dessous de la naissance de la queue.

Pour les agneaux choisis comme béliers, on peut même couper la queue plus courte.

Cette opération a lieu aussi bien pour les mâles que pour les femelles ; car, outre qu'elle facilite l'accouplement et la propreté de la toison, il est à remarquer qu'elle fait paraître les sujets beaucoup mieux gigotés.

Aussitôt l'opération faite, on badigeonne la plaie avec un peu de teinture d'iode pour éviter les infections toujours à craindre.

Puis le berger met quelquefois un peu de cendres de bois pour sécher et cautériser.

Castration

Nous pouvons signaler les deux sortes de castration :

1° Celle des jeunes, qui se fait à la bouche par le berger, lorsque les animaux ont atteint l'âge de cinq à six semaines ;

2° Celle des béliers plus âgés, qui ont fait du service, et qui se fait soit au caoutchouc, soit à l'aide de casseaux, mais le plus pratique est le bistournage.

La première devient rare et est remplacée par un procédé analogue, qui est l'*arrachement.*

On coupe le fond des bourses d'un seul coup, les testicules sortent par l'ouverture. De la main gauche, on tient les cordons, et de la droite, on arrache les testicules l'un après l'autre, par un mouvement brusque et rapide.

Ce procédé est aussi bon et moins répugnant que la castration à la bouche.

Le deuxième procédé s'emploie pour les bêtes plus âgées, qui ont fait du service, ou après le sevrage.

Le bistournage consiste à tordre le cordon et à remonter les testicules à la face interne des cuisses, sans faire de plaie.

Ce procédé, qui est excellent et est particulièrement appréciable, n'occasionne pas de plaie, il est moins dangereux et la mortalité est moins fréquente.

Marquage

Le meilleur marquage est celui à l'oreille, car il ne salit pas la toison de la bête comme celui qui consiste à imprimer sur le dos du mouton de gros chiffres ou initiales au goudron, ce qui est très difficile à ôter et, en même temps, déprécie la laine de l'individu.

Les deux méthodes les plus pratiques sont :

1° Pour le numéro matricule, le marquage à l'oreille. Les unités sont marquées par des entailles du bord antérieur de l'oreille gauche; les dizaines, par celles du bord antérieur de l'oreille droite ; les centaines, par celles du bord postérieur de l'oreille gauche; les milles, par celles du bord postérieur de l'oreille droite.

De plus, une entaille à la pointe de l'oreille gauche vaut 5, à celle de l'oreille droite, 50 ; un trou à l'oreille gauche 500, et finalement à l'oreille droite, 500.

Ce procédé réussit très bien dans le Loir-et-Cher, et il n'y a jamais d'oreilles déchirées par les buissons ou les haies, comme le prétendent certains agriculteurs.

2° Pour les initiales du propriétaire du troupeau, on emploiera le même mélange qu'à la bergerie nationale de Rambouillet :

Matière colorante..........	650	grammes
Huile de lin..............	250	—
Essence de térébenthine...	100	—

Ce mélange a l'avantage de pouvoir disparaître par des lavages alcalins et la laine n'est pas dépréciée.

Sevrage

Les agneaux sont sevrés à l'âge de trois à quatre mois.

Les quinze premiers jours du mois précédant le sevrage, on réduit les tétées à trois, les huit jours suivants à deux, et les huit derniers jours à une seule.

La séparation est alors complète.

Les tétées supprimées sont remplacées par des breuvages assez denses de farines, de son, de tourteaux, de betteraves.

L'animal s'est habitué avec les mères à manger

un peu de foin, et ainsi traité l'agneau ne peut pas souffrir du sevrage.

Un sevrage trop hâtif est très préjudiciable à la croissance normale et les heureux effets de l'allaitement se distinguent particulièrement dans l'espèce ovine, sans doute en raison de la richesse en matières sèches du lait de brebis, qui donne un vigoureux coup de fouet au développement de l'agneau.

On diminuera également la ration des mères, qui auront, les huit premiers jours du mois de sevrage :

1 kg. 500 de foin.
0 kg. 500 de paille.
2 kgs 500 de racines.
0 kg. 050 de tourteau d'arachide.

Les huit jours suivants :

1 kg. 500 de foin.
0 kg. 500 de paille.
2 kgs de racines.

La dernière semaine :

1 kg. de foin.
0 kg. 500 de paille.
1 kg. de racines.

On prendra la précaution de traire certaines brebis qui ont encore beaucoup de lait, pour éviter des mammites, mais le cas est assez rare.

On devra surtout échelonner le sevrage, pour que l'agneau s'habitue petit à petit, car si l'on coupait brusquement le lait, cela pourrait occasionner un sérieux malaise chez les agneaux et même chez les brebis.

Répartition des agneaux

Après le sevrage, les agneaux sont répartis en trois catégories :

1° Les agnelles, qui forment un troupeau séparé, sont soumises à un régime spécial pour hâter leur développement sans les engraisser.

Elles font l'objet d'une sélection rigoureuse ; les agnelles éliminées sont placées avec les brebis de réforme ou avec les agneaux mâles rebutés.

2° Les béliers sont triés dès l'âge de quinze jours ; puis à trois mois on effectue une seconde élimination ; enfin, vers l'âge de huit mois, une dernière sélection désigne ceux qui seront définitivement conservés comme reproducteurs.

3° Cette troisième catégorie comprend les agneaux castrés et mis à l'engrais et qui sont vendus cinq mois plus tard.

CHAPITRE V

Différentes Spéculations

Parmi les diverses sortes de spéculations, nous en avons trois qui sont courantes. Ce sont : la production des agneaux blancs, celle des agneaux gris et celle des réformés que l'on engraisse.

Une quatrième spéculation, qui est un peu plus particulière, est la production des animaux d'élevage, c'est-à-dire des reproducteurs, soit brebis, mais particulièrement béliers.

Je ne citerai l'agneau de lait que pour mémoire, car cette spéculation ne se pratique que pour les races laitières, telles que celle du Larzac, afin de pouvoir plus aisément recueillir le lait pour la fabrication du Roquefort.

Nous allons tout d'abord étudier les trois premières.

Agneaux blancs

Pour produire des agneaux blancs, vendus gras de trois à six mois, il faut choisir l'époque de l'agnelage de façon à pouvoir nourrir abondamment les mères jusqu'au sevrage. L'époque la plus favorable semble être décembre ou mars, quoique décembre soit préférable.

On donnera aux agneaux :

Premier mois. — Rien que le lait maternel pendant les trois premières semaines ; la quatrième, on leur distribuera tous les jours 25 grammes de farine d'orge ou de son, 50 grammes de betteraves ; le régime est sec.

Deuxième mois. — On ajoute un peu de foin tendre, de manière à leur en faire prendre peu à peu.

La ration sera la suivante, en plus du lait :

Regain de luzerne.....	100	grammes
Betteraves	300	—
Son, tourteau..........	150	—

Troisième mois. — On augmente progressivement la ration, de manière à avoir :

Luzerne	200	grammes
Betteraves	750	—
Son, tourteau de lin...	250	—

Quatrième mois. — On agit de même, et la ration comprend :

Luzerne	400	grammes
Betteraves	1.800	—
Son, tourteau de lin..	300	—
Maïs	100	—
Avoine	50	—

Ces agneaux sont ordinairement vendus au cinquième mois.

Les agneaux blancs arrivent à peser, à leur cinquième mois, entre 28 et 30 kgs poids brut, soit entre 18 et 22 kgs de chair nette.

Il est inutile de castrer les agneaux blancs.

Les mères qui nourriront recevront :

Fourrage vert............	5 kgs
Paille	1 kg. 500
Fourrage sec..............	1 kg. 500
Tourteau de lin...........	0 kg. 100
Grains	0 kg. 100

L'agneau blanc est d'un rapport très inégal, suivant la contrée où on l'élève. Mais dans notre contrée du Loir-et-Cher, après avoir pesé pendant longtemps et avoir étudié de près les dépenses occasionnées pour arriver à former un mouton en si peu de temps, et malgré le prix plus élevé que l'on donne pour ce mouton, nous l'avons en partie abandonné.

D'autre part, quand on vend le mouton à un an, il revient moins cher, car il s'élève et s'engraisse petit à petit avec des rations moins fortes, et, de plus, nous pouvons recueillir la laine qui, à l'heure actuelle, si minime que soit la toison, constitue un sous-produit qui n'est pas négligeable.

Dans d'autres régions, peut-être plus privilégiées, étant donné la proximité de Paris, les agneaux blancs seront plus avantageux, à cause du prix de vente plus élevé, mais pour nous, en Loir-et-Cher, ils sont à produire en petite quantité.

Agneaux gris

Les agneaux gris sont vendus gras de six à douze mois, et des précautions particulières sont à prendre au moment du sevrage, qui doit être progressif, de manière à ne pas retarder leur développement.

Comme je l'ai dit plus haut, la durée de l'allaitement ne devra jamais être de moins de quatre mois et il convient de supprimer d'abord une tétée sur deux. L'alimentation est un peu moins forte dans les débuts que celle des agneaux blancs.

Le *premier mois*, la nourriture ne se compose que de lait.

Les *deuxième* et *troisième mois*, la nourriture est la même que pour les agneaux blancs.

Le *quatrième mois*, on force moins que pour les agneaux blancs et on ne donne ni maïs, ni avoine. La ration est la suivante :

Luzerne	0 kg. 400
Betteraves	1 kg. 800
Son, tourteau de lin.......	0 kg. 300

Le *cinquième mois*, après le sevrage, on donne :

Foin de trèfle.............	0 kg. 600
Betteraves	2 kgs 750
Menue paille	0 kg. 250
Tourteau de lin...........	0 kg. 400

Le *sixième mois*, on alternera le foin de trèfle avec le foin de luzerne et on introduira un peu de maïs :

Foin de trèfle.............	0 kg. 350
Foin de luzerne..........	0 kg. 300
Betteraves	2 kgs 750
Menue paille	0 kg. 250
Tourteau de lin...........	0 kg. 450
Maïs	0 kg. 100

Le *septième mois,* la ration sera la même en foin, betteraves, menue paille, mais on augmentera en :

Tourteau de lin..........	0 kg. 500
Maïs	0 kg. 150

Le *huitième mois,* on introduira dans la ration un peu d'avoine, environ 50 grammes.

La tonte, quelques semaines avant la vente, au moment où les animaux boudent parfois devant la nourriture, est un excellent stimulant pour l'appétit.

Les *neuvième, dixième, onzième* et *douzième mois,* on augmentera les aliments à partir du tourteau de lin, de manière à toujours nourrir au maximum jusqu'à la vente.

De sorte qu'à douze mois, un agneau gris recevra :

Foin de trèfle.............	0 kg. 350
Foin de luzerne...........	0 kg. 300
Betteraves	2 kgs 750
Menue paille..............	0 kg. 250
Tourteau de lin...........	0 kg. 500
Maïs	0 kg. 200
Avoine	0 kg. 100

L'agneau gris, au moment de la vente, pèse de 45 à 48 kgs brut, soit de 32 à 35 kgs de chair nette.

L'agneau gris ne va pas à la pâture avec les mères et les agnelles ; pendant les beaux jours, il reste à la bergerie et c'est ce qui accélère son engraissement.

Engraissement des réformés

Ce n'est pas la spéculation qui réunit le plus grand nombre de bêtes, mais ce n'est pas la moins bonne.

Evidemment, les bêtes réformées, ayant déjà atteint un certain âge, se prêtent moins facilement à l'engraissement, mais cependant elles donnent un bon rendement.

Les mères qui feront leur dernier agneau recevront pendant leur allaitement une ration préparatoire qui sera :

Betteraves et menue paille.	10 litres
Foin de luzerne..........	0 kg. 750
Féverolles	0 kg. 600
Paille	0 kg. 500
Tourteau de lin..........	0 kg. 200

Les béliers qui auront fini leur service seront castrés et mis avec les brebis réformées pendant les quatre mois qui les prépareront à la boucherie. Les deux premiers mois, les bêtes recevront :

Foin de luzerne..........	0 kg. 750
Betteraves et menue paille.	10 litres
Féverolles	0 kg. 700
Paille	0 kg. 600
Tourteau de lin..........	0 kg. 300
Maïs	0 kg. 200
Avoine	0 kg. 100

Les deux autres mois, la ration sera :

Foin de trèfle............	0 kg. 400
Foin de luzerne..........	0 kg. 400
Betteraves et menue paille.	12 litres

Féverolles	0 kg. 800
Paille	0 kg. 600
Tourteau de lin...........	0 kg. 450
Maïs	0 kg. 300
Avoine	0 kg. 150

Les bêtes ainsi traitées pèseront 60 kgs brut, soit de 45 à 47 kgs de chair nette, ce qui est un beau rendement, que certains croient les Charmoises incapables de donner, et pourtant ces chiffres ont été officiellement enregistrés aux abattoirs de Blois ou de Paris.

Production des béliers

La production des béliers demande une connaissance toute spéciale, car pour que cette spéculation rapporte, il faut qu'elle soit très bien comprise.

Après le sevrage, on choisira les agneaux mâles les mieux conformés et ceux répondant le plus à la désignation d'un bon bélier, indiquée précédemment.

Puis on les soumettra à un régime spécial et à des rations choisies suivant la saison.

Après le sevrage, les jeunes béliers recevront :

Foin de trèfle.............	0 kg. 900
Betteraves	2 kgs
Foin de luzerne...........	0 kg. 500
Avoine	0 kg. 300

A *huit mois*, la ration sera :

Foin de trèfle.............	1 kg.
Foin de luzerne...........	0 kg. 700
Betteraves fourragères....	3 kgs
Paille	0 kg. 500
Avoine	0 kg. 500

A *quinze mois,* la ration sera encore augmentée et tendra vers le maximum, que l'animal recevra à dix-huit mois.

Il aura donc :

Foin de trèfle.............	1 kg.
Foin de luzerne...........	0 kg. 900
Paille	0 kg. 500
Betteraves fourragères.....	4 kgs
Avoine	0 kg. 800

Enfin, à *dix-huit mois,* il aura atteint la ration d'entretien qu'il recevra désormais, c'est-à-dire :

Foin de trèfle..............	1 kg.
Foin de luzerne...........	1 kg.
Paille	0 kg. 500
Betteraves fourragères....	5 kgs
Avoine	1 kg.

On voit que l'on ne force pas l'engraissement, par quelque moyen que ce soit, ce qui serait mauvais pour un reproducteur.

Au moment de la lutte, il recevra 0 kg. 500 à 1 kg. de plus d'avoine par jour, suivant le moment de la monte.

Le bélier ne sera pas livré à la reproduction de préférence avant dix-huit mois. Cependant, à un an, il pourrait entrer en service, si l'on en avait extrêmement besoin.

Si l'on regarde les prix des béliers Charmoise aux Vaux-de-Cernay, on voit que la moyenne est de 915 francs, le prix le plus haut ayant atteint 1.550 francs, et c'est le marquis d'Aramon qui en fut le détenteur.

Si donc on acquiert des béliers de ce prix, c'est qu'ils ont leur valeur bien marquée dans les troupeaux.

On les emploie même de nos jours comme améliorateurs de certaines races fort connues.

Mais encore une fois, la production des béliers reproducteurs doit être bien menée pour arriver à un heureux résultat.

Pour nous résumer : dans toutes ces diverses spéculations, c'est encore l'agneau gris qui forme la spéculation fondamentale du troupeau; quoique la vente des reproducteurs soit rémunératrice, il ne faut pas la faire trop en grand, car ce genre de spéculation est tout à fait spécial.

Toutes ces considérations ne veulent cependant pas dire que, dans telle ou telle contrée, les agneaux blancs, ou autres, ne seront pas rémunérateurs ; tout dépend du milieu, et les spéculations doivent s'en ressentir si l'on veut réussir.

CHAPITRE VI

LA LAINE

La tonte

La tonte se fait ordinairement de mai à juin, quand la température est plus clémente.

On ne craint pas ainsi le froid qui pourrait surprendre les moutons alors dévêtus. Il ne faudrait cependant pas trop tarder, car le mouton serait gêné pendant les fortes chaleurs.

Les tondeurs passent dans les fermes et restent tout le temps nécessaire pour terminer le travail.

On tond à présent à la tondeuse mécanique ; la « force », qui était un instrument assez malcommode, est pour ainsi dire, dans la plupart des fermes, délaissée.

Voici à peu près comment le tondeur opère : on monte une table assez haute, sur laquelle on opère la tonte, de manière à ce que l'ouvrier soit debout.

Le berger prend l'animal et lui lie les pattes, puis il le couche sur la table ; à ce moment, le tondeur passe la tête de l'animal dans une lanière de cuir, située à une extrémité de la table, pour immobiliser complètement l'animal.

C'est à ce moment que débute la tonte proprement dite. L'ouvrier commence ordinairement par couper la laine courte qui garnit le cou et la gorge, et passe de là à la poitrine ; il a toujours soin de maintenir la peau bien tendue ; il détache ensuite la laine sur les côtes, les hanches et les cuisses, et termine en tondant un côté de la queue. Puis le tondeur change le mouton de position et le couche sur l'autre côté; il soutient légèrement la tête, et coupe la laine du cou et du haut de l'épaule ; il enlève ensuite la laine de la cuisse, des reins et de la queue, qu'il dégage complètement.

La tonte est ainsi terminée. On reconnaît qu'une tonte est bien faite à ce que l'on ne doit pas voir d'inégalités ni de traces de passage de la tondeuse. Plus la toison est tondue près de la peau et d'une façon régulière, mieux la laine croîtra l'année suivante.

Puis, aussitôt le mouton descendu de la table, on roule la toison et on la lie.

Un bon ouvrier tondeur doit faire 50 moutons dans sa journée ; je parle là pour les Charmoises, car ils ont relativement peu de laine.

Le poids d'une toison Charmoise est de 2 kgs en moyenne.

Une mère donne : 2 kgs à 2 kgs 500.

Un agneau : 1 kg.

Un bélier : 3 kgs 1/3.

La laine Charmoise est assez demandée, car ni le bas des membres, ni le ventre, ni la tête ne sont couverts de laine, ce qui montre bien que les parties du corps qui portent de la laine en sont recouvertes abondamment.

Caractéristiques moyennes de la laine

Le suint est en faible quantité chez l'agneau, mais il est un peu plus abondant chez le bélier.

La laine sur laquelle on a pu faire ces expériences n'avait pas atteint son complet développement, puisqu'elle n'avait que sept mois, les dernières tontes ayant eu lieu en mai 1926, l'échantillon fut coupé en décembre dernier.

Donc toutes les mensurations porteront sur cette laine.

J'ai pu obtenir toutes les considérations qui vont suivre grâce à l'amabilité de M. Robert Leroy, de l'Ecole Vétérinaire d'Alfort, qui s'est entremis près de M. Dechambre pour l'analyse de la laine, ce qui nous a permis d'en tirer les caractéristiques qui vont suivre :

Longueur relative :

Agneau .... 65 m/m
Bélier .... 80 m/m

Longueur absolue :

Agneau .... 120 m/m
Bélier .... 130 m/m

Indice ou rapport : $\dfrac{\text{Longueur relative}}{\text{Longueur absolue}}$:

Agneau : $\dfrac{120}{65} \doteq 1.084.$

Bélier : $\dfrac{130}{80} = 1{,}625.$

Ondulations :

Agneau, bélier : 45 pour 10 cm.

Résistance de la fibre :

11,3 grammes.

Diamètre moyen après dégraissage :

Agneau : 27,33 m/m ; minimum : 20 m/m ; maximum : 33 m/m
Bélier : 40,46 m/m ; minimum : 30 m/m ; maximum : 63 m/m

Commentaires :

Bélier. — A l'examen microscopique, on trouve beaucoup de laine à deux brins, et il y a une grande variation de diamètre. Le brin est non uniforme.

Agneau. — La laine est plus fine, plus régulière, surtout à l'extrémité.

Qualité :

Si l'on regarde la qualité commerciale, comparée aux barêmes de Tourcoing et de Roubaix, on voit que cette laine répond aux croisés 2 et 3 de ce barême, ce qui signifie que c'est une laine fine à tout faire.

Conclusion

Les constatations ci-dessus, concernant les grandes variations dans le diamètre des brins chez le bélier, tendent à montrer que dans le troupeau où nous avons pris l'échantillon, la sélection a porté exclusivement sur la production de la viande. L'intérêt qui s'attache actuellement à celle de la laine engage les éleveurs à ne pas négliger la toison et à bien surveiller l'homogénéité.

Pour conclure sur la laine des Charmoises, l'on peut dire que la laine est d'excellente qualité, puisqu'elle appartient aux premières des laines peignées, mais n'est malheureusement qu'en trop petite quantité.

Des essais sont en cours actuellement pour améliorer la quantité de la laine par un apport de sang mérinos, qui ne changerait pas le caractère de la race, disent les zootechniciens, puisqu'il en rentre déjà une part dans la formation de cette race.

Je n'en connais pas encore les résultats, mais je crains que l'on n'obtienne un mouton qui aura évidemment une plus forte toison, mais qui ne sera plus la bête « Charmoise » pure.

CHAPITRE VII

LES BERGERIES

Conditions générales des bergeries

Il y a trois conditions essentielles :

1° La place nécessaire au mouton ;

2° Le volume d'air de la bergerie ;

3° La lumière.

En effet, que l'on ait affaire à n'importe quel type de bergerie, il convient de mettre à la disposition du mouton les éléments nécessaires à son bon entretien et, par conséquent, à sa bonne santé.

La première chose que nous examinerons sera :

1° *La place nécessaire au mouton*

S'il s'agit du mouton d'élevage, la place doit lui être largement fournie.

La place minimum qu'occupera un mouton dans une bergerie dépendra de sa race.

Mais pour le Charmoise, qui est relativement petit, nous pouvons tabler sur une surface de $0^{m}80$ et une largeur de $0^{m}42$ au râtelier. Toutefois, si l'on avait la place nécessaire, il n'en vaudrait que mieux de donner un peu plus d'espace.

2° *Le volume d'air de la bergerie*

Le cube d'air nécessaire à un mouton hermétiquement enfermé serait de 1^{m^3} à l'heure. Si l'on prenait une nuit de douze heures, il faudrait donc 12^{m^3}, donc nécessité de construire des bergeries assez hautes ; mais là aussi nous trouvons un inconvénient, qui est le prix actuel de la construction ; donc nous pouvons remédier à cet état de choses en compensant la hauteur par une ventilation énergique.

3° *La lumière*

Les moutons, comme tous les animaux de ferme, ne peuvent vivre convenablement dans l'obscurité; il faut donc des fenêtres dans les bergeries. L'éclairage naturel est nécessaire aussi pour les soins à donner aux animaux.

En général, on ménage un peu trop les ouvertures dans les bâtiments ruraux, non seulement par une économie assez mal entendue, mais encore dans l'espoir d'accélérer l'engraissement.

L'air et la lumière doivent être donnés très largement, aux bêtes d'élevage surtout ; pour les bêtes à l'engrais, on modèrera à volonté la ventilation et l'éclairage, mais sans jamais les supprimer complètement.

Conditions d'orientation et de service

Les bergeries sont orientées autant que possible du Nord au Sud, dans le sens de leur longueur, présentant une face à l'Ouest et une à l'Est.

Pour le service, la bergerie doit être placée à portée du magasin à paille et du fenil. Le mieux est le grenier qui se trouve à la partie supérieure de la bergerie sur toute sa longueur.

Il est bon aussi que les portes de la bergerie soient assez larges pour permettre à une voiture d'entrer dans la bergerie pour enlever le fumier.

On devra aussi ménagr à un bout de la bergerie une pièce destinée à la préparation des rations, et comprenant toutes les machines nécessaires.

Considérations sur les planchers, les crèches et les litières

Le plancher a une grande importance dans les bergeries, car l'on sait combien l'humidité est préjudiciable aux moutons.

Il faut donc avoir un plancher sec.

Pour cela, il faut élever le sol intérieur de 30 à 30 centimètres au-dessus du sol extérieur.

Si le sol est sain, cette précaution est inutile.

Les planchers les plus répandus à l'heure actuelle sont les planchers pleins ou en terre battue.

Le sol devra avoir une pente de 2 centimètres par mètre environ, et des rigoles assureront l'écoulement des urines.

On répand une couche de bonne terre franche bien battue, et on la recouvre d'une bonne litière pour fournir une couche confortable aux animaux.

La litière préférée pour les bergeries est la paille d'avoine ou la paille de blé d'hiver, à cause de sa grande puissance d'absorption des urines et de sa bonne décomposition dans le sol au point de vue fertilisant.

Dans les bergeries, on surveillera bien les litières pour qu'il ne se produise aucune fermentation importante, qui produirait une déperdition d'azote, et qui serait nuisible à la santé des bêtes ovines.

On nettoie la bergerie environ quatre fois par an, si l'on veut avoir un bon fumier et pas trop de déperditions.

On la nettoiera quelquefois cinq fois par an, si les animaux ne sont pas parqués et rentrent tous les soirs à la bergerie.

Pour les crèches, la meilleure est évidemment celle qui réunit le râtelier à l'auge en un même appareil, que l'on nomme crèche.

La crèche est mobile, à cause de l'élévation du fumier.

La meilleure est la crèche perfectionnée, système Grandvoinnet, qui réunit l'auge et le râtelier.

Pour les jeunes agneaux qui commencent à prendre quelque nourriture, l'auge simple est préférable, mais il faut de toute façon qu'elle soit à une certaine hauteur et non sur le sol, car les jeunes agneaux ne font aucune attention, montent dans l'auge sans se soucier de la nourriture contenue et ne font qu'une pâtée abominable qu'ils sont obligés de manger ensuite.

Au contraire, si l'auge est surélevée de 10 centimètres, tous ces inconvénients disparaissent.

Nous allons à présent étudier quelques types de bergeries, avec leurs défauts et leurs avantages.

Différents modèles de bergeries

Pour étudier le meilleur modèle, il faut savoir quel est le moins cher actuellement comme construction, et celui qui réunit en même temps le plus de commodité, en un mot, le plus moderne et le plus confortable.

Nous allons donc étudier deux types principaux :

1° Les bergeries sans grenier ;

2° Les bergeries avec grenier.

1° *Les bergeries sans grenier*

Nous verrons tout d'abord les avantages des bergeries sans grenier.

Dans la bergerie ainsi conçue, les bâtiments destinés aux animaux peuvent être économiquement établis, puisque leurs murs seront moins épais, étant donné qu'ils porteront moins de poids.

L'éclairage et la ventilation peuvent se faire directement par la toiture, ce qui réalise une certaine économie, qui ne serait pas faite si l'on était obligé de faire des ouvertures dans les murs, ou de pratiquer des cheminées d'aération.

Le foin doit être emmagasiné dans un bâtiment spécial, et cela exige moins de travail, et par conséquent moins de main-d'œuvre, car la voiture de fourrage est à la hauteur du magasin.

Si nous envisageons maintenant les inconvénients, nous voyons que la suppression du grenier oblige à avoir une grande superficie de bâtiment, ce qui n'aurait pas lieu si les greniers étaient disposés sur la bergerie, et les constructions de fenils coûtent souvent plus cher que le montage d'un grenier.

L'affouragement exige des transports à découvert, ce qui est gênant, surtout en hiver, et en général demande une main-d'œuvre supplémentaire.

Enfin, les animaux sensibles au froid sont bien moins abrités quand leur logement n'est pas surmonté d'un grenier.

2° Bergeries avec grenier

Dans cette disposition, on trouve trois avantages principaux :

1° Une économie d'emplacement et de bâtiment, puisqu'on se dispense ainsi de construire un hangar pour y loger le foin ;

2° Le foin peut être jeté du grenier dans la bergerie même, par un trou spécial appelé abat-foin ;

3° Le grenier empêche aussi la déperdition de la chaleur propre des animaux. Les logements avec greniers sont plus chauds en hiver, ce qui est un gros avantage pour la santé des moutons.

Les inconvénients sont bien faibles, comparés aux avantages.

Le principal consiste dans la difficulté de l'emmagasinage du foin, qu'il faut élever assez haut. Le deuxième inconvénient que l'on pourrait signaler est que si l'on ne possède pas un plafond tout à fait imperméable aux gaz, et si les vapeurs provenant de la respiration des animaux et de l'évaporation des déjections ne viennent pas infecter le foin ou y déposer des germes de fermentation, au moins elles échauffent le plafond, et le grenier, si bien aéré soit-il, est chaud, et le foin devient cassant et poussiéreux; mais on peut très bien remédier à cela en ayant un plancher de grenier plein et étanche.

De toutes les autres bergeries, je crois que c'est ce dernier modèle qui est le mieux, car il réunit deux constructions en une seule.

La bergerie de ce genre qui m'a le plus frappé par sa bonne construction est celle de la Charmoise, construite suivant les plans de Malingié.

Avant de la décrire, je signale aussitôt son gros inconvénient au point de vue du prix qu'elle coûterait à l'heure actuelle, car elle est essentiellement constituée de bois de chêne, ce qui est fort cher à présent, et même, dans certaines contrées dépourvues de bois, elle ne serait pas possible ; mais l'on peut réaliser le même modèle en employant d'autres matériaux, tels que: charpente métallique, briques, etc.

Je la cite spécialement au point de vue de sa bonne conformation.

La bergerie Malingié a une largeur de 10 mètres et une hauteur de 3 mètres sous le poutrage, lequel était autrefois garni en terre et bourre ; il est aujourd'hui carrelé et tout à fait imperméable aux gaz ; le grenier, ouvert sur les longs pans, est destiné à recevoir du fourrage ; la distance du plancher à la sablière est d'environ 2 mètres.

Les parois verticales de la bergerie étaient en planches épaisses de 0^{m}03, goudronnées extérieurement ; mais à l'heure actuelle on a remplacé ces planches, fort coûteuses d'entretien, par des murs; de grandes portes à coulisses servent au passage des moutons, et des tombereaux chargés de l'enlèvement du fumier ; des fenêtres fixes vitrées, de 0^m50 sur 0^m50, assurent l'éclairage, alors que la ventilation est obtenue par des ouvertures à volets disposées dans le mur même, entre les fenêtres.

L'écartement des fermes est de 4 mètres, et le comble à croupes est couvert en ardoises de l'Anjou.

Des cases pour recevoir les mâles sont aménagées à l'une des extrémités du bâtiment.

La surface couverte est de 600^{m^2}, pouvant recevoir 1.000 moutons.

Les frais de construction s'élevèrent à 20.000 fr. en 1825, soit 20 fr. par tête de mouton, ce qui, pour l'époque, était fort cher.

La bergerie est entourée d'une partie pavée de 5 mètres de largeur, permettant la circulation des voitures ; elle présente une légère pente se raccordant avec une fosse à section triangulaire, ayant une largeur de 7 mètres et une profondeur de 0^m65, destinée à recevoir les fumiers de la bergerie.

L'orientation est Nord-Sud.

Le grenier est ouvert vers l'Est et l'Ouest ; le toit tombe jusqu'au mur, ne laissant aucune ouverture à cause de son exposition.

Au point de vue des crèches, du sol et de la litière, tout est conforme aux considérations déjà exposées aux pages précédentes.

En un mot, cette bergerie est un modèle au point de vue conformation, mais le prix qu'elle coûterait à présent pour la faire en matériaux identiques la rendrait irréalisable, si ce n'est en charpente métallique.

CHAPITRE VIII

LE TROUPEAU

à la Ferme de la Charmoise

Nous allons étudier quelques instants, à titre d'application de tout ce qui vient d'être dit, le troupeau Charmoise à la ferme où il a été créé, c'est-à-dire à la Charmoise.

Le troupeau comprend 200 mères et environ 175 à 180 agneaux.

Le nombre des béliers est de 4 pour le service du troupeau, mais, à part, on élève chaque année environ 10 à 12 béliers, qui seront vendus comme reproducteurs, entre douze et dix-huit mois.

Nous allons parler du troupeau en le divisant ainsi :

Ses brebis,
Ses agneaux,
Ses béliers.

Ses brebis

Pour étudier les brebis, les agneaux ou les béliers, nous allons partir du mois de mars, c'est-à-dire du moment où le troupeau sort de la bergerie.

Donc, le troupeau sort dans le courant de mars, suivant que la saison est plus ou moins avancée.

Les moutons ne sont pas parqués, ils partent

donc le matin, vers neuf heures, quand le sol est suffisamment sec, et rentrent à midi ; l'après-midi, ils ressortent vers deux heures et rentrent quand le soleil commence à décliner.

Ils vont successivement :

1° Dans les chaumes de blé laissés en jachère morte (un mois) ;

2° Dans les chaumes d'avoine de l'année précédente, restant un an en jachère (deux mois) ;

3° Dans les regains de sainfoin (un mois) ;

4° Fin juin, dans l'escourgeon et les chaumes d'avoine et de blé, jusqu'à fin novembre, époque de la rentrée à la bergerie.

Dans le début de mars, on ne sort qu'une fois par jour, et principalement l'après-midi, puis, au bout de quinze jours, on sort matin et soir.

ALIMENTATION

Pendant les mois de mars et avril, les brebis qui finiront d'allaiter leurs agneaux, qu'elles auront eus en décembre, recevront par jour, à leur rentrée des champs :

Betteraves et menue paille.	3 kgs
Luzerne	0 kg. 500
Paille	0 kg. 500
Tourteau d'arachide......	0 kg. 100

Puis, petit à petit, on diminuera la ration, étant donné que la fin de l'allaitement approche.

Elles auront successivement :

Betteraves et menue paille.	2 kgs 500
Luzerne	0 kg. 500
Paille	0 kg. 500
Tourteau d'arachide.......	0 kg. 050

Puis :

Betteraves et menue paille.	1 kg. 500
Luzerne	0 kg. 500
Paille	0 kg. 500

On supprimera le tourteau.

Et la ration ordinaire d'entretien s'établira ainsi, de la fin d'avril au commencent de juillet :

Fourrage	0 kg. 700
Paille	0 kg. 500

Comme on le voit, on ne donne plus de betteraves à partir de la fin de l'allaitement, mais on augmente un peu le fourrage.

Du mois de juillet à la fin d'août, étant donné que ce sont les deux mois de lutte et que les brebis ont besoin d'une nourriture un peu plus échauffante, on donnera :

Fourrage	1 kg. 200
Paille	0 kg. 500
Avoine	0 kg. 250

A partir de la fin de novembre, les brebis étant rentrées définitivement à la bergerie, et, de plus, la gestation commençant, on donnera, de la fin de novembre jusqu'à l'agnelage, c'est-à-dire jusqu'à la fin de décembre :

Paille	0 kg. 500
Fourrage	1 kg.
Betteraves et menue paille.	2 kgs 500

A partir de l'agnelage, il faudra donner une nourriture en vue de la production lactée, soit :

Betteraves et menue paille.	3 kgs 500
Luzerne	0 kg. 600
Paille	0 kg. 500
Tourteau d'arachide.......	0 kg. 150

Puis, nous arrivons ainsi au mois de mars, époque où nous avons commencé l'étude.

LUTTE

Pour la lutte, on donne au bélier 50 brebis environ.

On fera une seule lutte en juillet et août, car deux luttes sont inutiles, étant donné le peu de rendement que donne la première, les animaux n'étant pas en état, à cause de la sortie de l'hiver.

AGNELAGE

Pour l'agnelage, rien de particulier ; il se passe normalement à la bergerie, il y a très peu de cas ennuyeux.

BREBIS DE RÉFORME

On réforme en général les brebis à leur quatrième agneau. Cependant, si l'on se trouvait en présence d'un sujet remarquable, on le garderait plus longtemps.

Les brebis qui font leur dernier agneau reçoivent une nourriture spéciale, les préparant à leur prochain engraissement. La ration est la suivante :

Betteraves et menue paille.	3 kgs 500
Luzerne	0 kg. 600
Paille	0 kg. 500
Tourteau d'arachide.......	0 kg. 100
Tourteau de lin...........	0 kg. 050

Les brebis seront engraissées en quatre mois, pour être vendues à la boucherie ; elles recevront les deux premiers mois :

Betteraves et menue paille.	3 kgs
Foin	0 kg. 700
Paille	0 kg. 600
Tourteau de lin............	0 kg. 400
Maïs	0 kg. 150

Les deux autres mois, on forcera un peu et on ajoutera quelque peu d'avoine :

Foin	0 kg. 800
Betteraves	3 kgs 500
Paille	0 kg. 600
Tourteau de lin...........	0 kg. 450
Maïs	0 kg. 200
Avoine	0 kg. 050

Les brebis arriveront ainsi à peser dans les 30 à 32 kgs de chair nette, soit 60 kgs de poids vif brut.

Ses agneaux

Les agneaux naissent en **décembre.**

Les agneaux femelles sont **toujours un peu plus** nombreux. Ils sont à peu près dans le rapport de 10 pour 6 mâles.

Aussitôt nés, les agneaux tettent leur mère jusqu'au sevrage, qui a lieu ordinairement à quatre mois, et l'on réduit progressivement les tétées pendant le quatrième mois, comme je l'ai mentionné dans le paragraphe sur le sevrage.

On diminue également la ration des mères, qui recevront successivement, dans le mois de sevrage :

	1°	2°	3°
Foin	1 kg. 500	1 kg. 200	1 kg.
Racines	2 kgs 500	0 kg. 500	0 kg. 500
Paille	0 kg. 500	2 kgs	1 kg. 500
Tourteau d'arachide	0 kg. 050		

Les jeunes recevront à ce moment, en plus de la pâture :

Fourrage	0 kg. 500
Paille	0 kg. 250

Quand les agneaux commencent à prendre quelque nourriture en dehors des tétées, ils reçoivent :

Regain : 0 kg. 350.
1/3 de litre du mélange : son et maïs, avec un filet d'orge pour les rafraîchir.

On s'abstient de donner de l'avoine à cause des maladie de vessie à craindre chez les jeunes animaux.

Au sevrage, ils reçoivent la ration indiquée plus haut, en augmentant petit à petit le fourrage jusqu'à la rentrée complète à la bergerie, c'est-à-dire à la fin de septembre, ou au début d'octobre.

Pendant ce temps, on fait la répartition des agneaux. On vend quelques mâles non castrés pour la reproduction, car certains fermiers choisissent ce moment pour acheter leur bélier, afin de le payer un meilleur prix.

D'autres mâles, les plus beaux, sont gardés pour en faire des béliers et les vendre à partir de douze mois.

Les autres enfin sont castrés pour être engraissés et vendus.

Les femelles, au contraire, sont toutes gardées pour renouveler le troupeau, sauf quelques-unes ne reproduisant pas exactement le type de la race, qui sont associées aux agneaux mâles pour l'engraissement.

On peut faire deux sortes de ventes : la vente des agneaux blancs, vendus à cinq mois non sevrés, ce qui n'est pas répandu chez nous ; la vente des agneaux gris, sevrés à cinq mois et vendus vers dix à onze mois. Cette dernière est des plus lucratives dans notre région, car la dépense faite pour les agneaux blancs, afin de les pousser à l'engraissement rapide, est quelquefois très peu compensée.

L'agneau gris, au contraire, est plus rémunérateur, et l'on peut de plus en tirer la toison.

Il est inutile de répéter toutes les rations données soit aux agneaux blancs, soit aux agneaux gris, car elles sont identiques à celles décrites dans le paragraphe des agneaux blancs et gris, ainsi que leurs diverses appréciations.

Ses béliers

Comme je le disais précédemment, les jeunes mâles les mieux conformés sont gardés pour faire des reproducteurs, vendus de douze à dix-huit mois ; d'autres sont vendus au sevrage. Ceux qui restent sont castrés et engraissés.

Inutile de revenir sur les rations du bélier, que j'ai décrites dans le paragraphe de la production des béliers. Mais quelque chose de spécial est à signaler ; en effet, les béliers qui seront élevés comme reproducteurs ne seront sevrés qu'à cinq mois et demi, afin de leur donner tout le temps nécessaire au bon développement des parties stomacales qui pourront ainsi mieux assimiler les principes nutritifs contenus dans les aliments grossiers. Et ceci s'explique théoriquement ainsi : le mouton étant polygastrique, le quatrième compartiment de l'estomac, la caillette, est seule bien développée, tant que dure l'alimentation lactée ; les trois autres, dont le fonctionnement est nécessaire pour l'utilisation des principes nutritifs contenus dans les aliments grossiers, ne se développent que progressivement, au fur et à mesure que ces aliments sont absorbés. Le jeune qui a pris peu de lait, et qui est sevré brusquement, est donc en état d'infériorité pour utiliser d'autres aliments.

C'est pourquoi les animaux reproducteurs, tels que les béliers qui seront vendus un prix souvent avantageux, et qui feront les concours, ont besoin d'être particulièrement bien soignés.

Le troupeau de la Charmoise a obtenu de nombreuses récompenses, dont, entre autres, le prix de championnat au Concours de Blois, en 1924, et bien d'autres encore, qu'il serait trop long de citer.

Ces trois dernières années, les premiers prix de béliers au Concours de Paris furent remportés par des moutons ayant été élevés à la Charmoise et vendus depuis lors.

La seule cause pour laquelle nous ne venons pas au Concours de Paris est la cherté des transports et la perte de temps.

Mais je pense y revenir, car lorsque l'on veut vendre des reproducteurs, il est utile de se faire connaître, et c'est là que l'on peut le plus aisément montrer la beauté de ses produits.

CONCLUSION

D'après la courte étude que nous venons de faire de la race Charmoise, nous avons pu apprécier cette race, qui est égale, et je dirai même supérieure, à nos autres races françaises de boucherie.

De plus, l'élevage de ce mouton n'est pas plus compliqué, et le rendement en est supérieur dans un laps de temps moindre.

Il est évident que la quantité de laine qu'il fournit est inférieure à celle de beaucoup d'autres, mais les différents essais qui sont en train pour cette amélioration réussiront, je l'espère.

Mais néanmoins, aujourd'hui où le gros mouton perd sans cesse du terrain, le détaillant parisien préfère les petites races, moins osseuses, et lui permettant beaucoup mieux de satisfaire sa clientèle par le temps de cherté que nous subissons depuis ces dernières années. La race Charmoise remplit admirablement ces conditions.

Pour la qualité de la viande, il n'y a qu'à se rappeler ce que l'on disait dernièrement dans un récent Congrès de boucherie, où l'on rappelait les paroles prononcées par M. Minier, en 1892, alors qu'il était Président du Syndicat du Commerce en gros de la Boucherie de Paris : « C'est un véritable plaisir que de contempler cette race de la Charmoise, que l'on peut désigner également, sans crainte d'être démenti, de charmante. Nous sommes toujours étonnés qu'elle ne prenne pas plus d'extension. A notre avis, c'est un tort de la part des éleveurs, car lorsqu'on la présente au commerce de la boucherie, elle prime toujours les autres races et nous pensons que son exploitation serait rémunératrice. »

Ces paroles, qui ont été redites l'autre jour, montrent bien que la valeur de la race Charmoise en boucherie est toujours restée de premier ordre. Mais l'extension qu'à prise cette race depuis 1892 n'est pas encore assez forte.

Cependant, ce petit moutons est d'une acclimatation facile ; nous le voyons dans toutes les régions de la France.

En Roumanie, où il a contribué à l'amélioration de la race de Kamabat, qu'il mit immédiatement au premier rang des races de boucherie.

En Allemagne, en Grèce et, de nos jours surtout, en Australie, où ses reproducteurs sont de plus en plus prisés.

En un mot, cette race, sans être placée au premier rang, est une des meilleures, et mérite une plus grande extension qu'elle n'a eue jusqu'ici.

Et l'on peut redire les paroles de Marcel Vacher, la comparant au Southdown : « Si l'on a quelquefois appelé le Charolais le Durham de la France, on peut parfaitement dénommer le mouton Charmoise le Southdown de la France, tant la finesse, la précocité, la régularité des formes sont parfaites chez ces coquets moutons. »

On peut donc justement conclure, en se basant sur les chiffres et sur les appréciations cités, que la race Charmoise est précoce et, malgré sa taille réduite, donne de beaux poids ; que la qualité de sa viande est très appréciée des consommateurs, et qu'elle est par suite recherchée de la boucherie.

TABLE DES MATIERES

Imprimerie Départementale de l'Oise, 26, Rue de Malherbe, Beauvais

www.ingramcontent.com/pod-product-compliance
Ingram Content Group UK Ltd.
Pitfield, Milton Keynes, MK11 3LW, UK
UKHW021557260726
13993UKWH00002B/898